Philipp Bertkau

Arachniden

Philipp Bertkau

Arachniden

ISBN/EAN: 9783744721134

Hergestellt in Europa, USA, Kanada, Australien, Japan

Cover: Foto ©berggeist007 / pixelio.de

Weitere Bücher finden Sie auf **www.hansebooks.com**

VERZEICHNISS DER VON PROF. ED. VAN BENEDEN

AUF SEINER

IM AUFTRAGE DER BELGISCHEN REGIERUNG UNTERNOMMENEN WISSENSCHAFTLICHEN REISE NACH BRASILIEN UND LA PLATA I. J. 1872-73 GESAMMELTEN

ARACHNIDEN,

VON

Dr. PH. BERTKAU in Bonn.

BRÜSSEL,

F. HAYEZ, DRUCKER DER KÖNIGLICHEN AKADEMIE VON BELGIEN.

1880

EINLEITUNG.

Die in dem nachfolgenden Verzeichniss aufgeführten Arachniden sind von Prof. Ed. Van Beneden auf einer wissenschaftlichen Reise gesammelt worden, die derselbe im Auftrage der Belgischen Regierung unternahm. Ein interessanter Bericht über diese Reise, die vom 1. Juli 1872 bis Ende Januar 1873 dauerte, erschien in dem *Bulletin de l'Académie royale des sciences, etc., de Belgique*, 1873, pp. 775 ff. von Van Beneden selbst und 1875 in der *Revue de Belgique* aus der Feder eines Begleiters, Herrn W. de Selys Longchamps fils; als dritter freiwilliger Theilnehmer hatte sich der inzwischen verstorbene eifrige Entomologe C. Van Volxem der Expedition angeschlossen.

Die Punkte, an denen Arachniden gesammelt wurden, sind : Rio de Janeiro und Umgebung (Botafago, Tijuca, Copa Cobana; zwischen Cap Irmao und Cap Gavia); Guandu in der Provinz Rio; São João del Ré [1], Chapeo d'Uvas und Barbacena in der Provinz Minas Geraës; Thérésopolis [1] in der Provinz Santa Catharina und Pedra açu, der Piz der Cordillère des Orgues, der bis dahin noch von keinem Zoologen und nur von zwei Botanikern, Gartner und Glasiou, Director des *Passeio publico*, durchforscht war; dieser Punkt zeichnet sich durch eine eigenthümliche Fauna aus (cf. *Nemesia*); Rio Grande und Buenos Ayres; namentlich sind Rio, Tijuca, Copa Cobana, Thérésopolis und Buenos Ayres durch zahlreiche Arten vertreten, die sich zumeist in gutem Erhaltungszustande befanden. An Zahl der Arten (53) sowohl wie der Individuen überwiegen die echten Spinnen und unter ihnen

[1] Die bei São João del Ré und Thérésopolis gesammelten Exemplare waren ungesondert in demselben Glase aufbewahrt.

wieder die Territelarien, Epeiriden und Lycosiden; die Opilionen sind durch 14 Gonyleptiden vertreten; von Scorpionen wurden nur 3 Arten erbeutet, und von Milben sind einige junge Exemplare einer Gamaside auf dem Körper einer grossen Territelarie und 3 Ixodiden von verschiedenen Wohnthieren mitgebracht worden.

Eine Bestimmung der Arten gehört nicht zu den leichten Aufgaben, namentlich, wenn man dabei die ungemein zerstreute Literatur berücksichtigt. Dieselbe stand mir nur in beschränktem Maasse zu Gebote und es ist daher sehr wohl möglich, dass ich bereits beschriebene Arten unter einem neuen Namen nochmals beschrieben habe. So sehr ich es als praktisch anerkenne, durch kurze Diagnosen ein allgemeines Bild der Art zu entwerfen, so theile ich doch die Ansicht fast aller neueren Arachnologen, dass möglichst detaillierte Beschreibungen unumgänglich nöthig sind, denen gegenüber die Diagnosen nur etwa die Rolle eines Wegweisers spielen können; da aber hier die meisten neuen Arten zugleich in Abbildungen dargestellt sind, die den eben angeführten Zweck ebensogut wie die Diagnosen erfüllen, so habe ich von einer Abfassung der letzteren Abstand genommen. Wem die Beschreibungen vielleicht zu sehr ins Einzelne zu gehen scheinen, der möge bedenken, dass gerade durch unvollständige Beschreibungen in der Arachnologie die grösste Confusion angerichtet ist.

Herrn Prof. E. Van Beneden spreche ich für das Vertrauen, das er mir durch Uebertragung der Bearbeitung des von ihm gesammelten Materials bewies, hiermit öffentlich meinen hochachtungsvollen Dank aus.

EINLEITUNG.

SYSTEMATISCHE ÜBERSICHT DER ARTEN.

a. Scorpiones.

1. *Isometrus maculatus* (De G.); Rio.
2. — *americanus* (L.); Rio.
3. *Cercophonius Glasioui* n. sp.; Pedra açu.

b. Araneae.

1. *Cyrtaucheniu maculatus* n. sp.; Tijuca.
2. *Nemesia anomala* n. sp.; Pedra açu.
3. — *fossor* n. sp.; Pedra açu.
4. *Diplura gymnognatha* n. sp.; Pedra açu.
5. *Thalerothele* (n. g.) *fasciata* n. sp.; Tijuca.
6. *Macrothele annectens* n. sp.; Pedra açu.
7. *Crypsidromus fallax* n. sp.; Tijuca.
8. *Trechona adspersa* n. sp.; Pedra açu.
9. *Eurypelma (Lasiodora) Benedenii* n. sp.; Chapeo d'Uras.
10. — (*Homoeomma*) *familiaris* n. sp.; Tijuca.
11. *Philia graciosa* C. L. Koch; Rio.
12. *Euophrys lunatus* n. sp.; Rio.
13. (*Salticus*) *radians* Blackw.; Thérésopolis (?).
14. *Heteropoda* sp. indet.; Rio.
15. *Sparassidae*; sp. indet.; Copa Cobana.
16. *Anypharna tricittata* n. sp.; Pedra açu.
17. *Chiracanthium subflavum* (Blackw.); Rio.
18. *Liocranum haemorrhoum* n. sp.; Thérésopolis (?).
19. *Hypsinotus chalybeus* L. Koch; Rio.
20. — *cruentus* n. sp.; Rio.
21. — *loricatus* n. sp.; Pedra açu.
22. — *inermis* n. sp.; Tijuca.
23. — *plumipes* n. sp.; Thérésopolis (?).
24. *Ctenus cyclothorax* n. sp.; Tijuca.
25. *Caloctenus variegatus* n. sp.; Thérésopolis (?).
26. *Isoctenus foliiferus* n. sp.; Rio.
(27. *Ctenide* sp. indet.; Chapeo d'Uras.)
28. *Dolomedes albicoxa* n. sp.; São João del Ré.
29. — *marginellus* C. L. Koch; Rio.
30. *Dolomedes* sp. indet.; Rio.
31. *Trochosa helvipes* Keys.; Rio.
32. — *humicola* n. sp.; Rio.
33. *Tarentula poliostoma* C. L. Koch; Buenos Ayres.
34. — *nychthemera* n. sp.; Thérésopolis (?), São João del Ré (?).

EINLEITUNG.

33. *Tarentula Volxemii* n. sp.; Thérésopolis (?), São João del Ré.
36. — *pugil* n. sp.; Thérésopolis (?), São João del Ré.
37. — *sternalis* n. sp.; Thérésopolis (?), São João del Ré.
38. — *pardalina* n. sp.; Rio.
39. *Lycosa molitor* n. sp.; Tijuca.
40. *Theridium haemorrhoidale* n. sp.; Rio.
41. *Tetragnatha cladognatha* n. sp.; Rio.
42. *Meta formosa* (Blackw.); Tijuca, Copa Cobana.
43. *Nephila brasiliensis* (Walck.); Tijuca, Botafogo, Rio, Copa Cobana, Guandu.
44. — *clavipes* (L.) (= *Ep. vespucea* Walck.); Tijuca, Copa Cobana.
45. *Epeira biplagiata* n. sp.; Rio.
46. — *caerulea* n. sp.; Rio Grande.
47. — *Grayi* Blackw.; Thérésopolis (?), São João del Ré (?).
48. — *undulata* n. sp.; Copa Cobana.
49. — *12-tuberculata* n. sp.; Tijuca, Rio, Copa Cobana, entre Cap Irinao et Cap Gavia.
50. *Argiope argentata* (F.); Copa Cobana.

Opiliones.

1. *Gonyleptes ratius* n. sp.; Thérésopolis (?), São João del Ré (?).
2. — *acanthopus* (Quoy et Gaim.); Copa Cobana.
3. — *bicuspidatus* C. L. Koch; Copa Cobana.
4. — *piceus* n. sp.; Copa Cobana.
5. — *horridus* Kirby; Tijuca.
6. *Caelopygus granulatus* C. L. Koch; Thérésopolis (?), São João del Ré.
7. — *macracanthus* C. L. Koch; Thérésopolis (?), São João del Ré.
8. *Ancistrotus acanthoscelis* n. sp.; Pedra açu.
9. — *urceolaris* n. sp.; Copa Cobana.
10. — *squalidus* (Perty); Thérésopolis (?), São João del Ré (?).
11. *Eusarcus oxyacanthus* Koller; Copa Cubana.
12. — *armatus* Perty; Copa Cobana.
13. *Mischonyx* (n. g.) *squalidus* n. sp.; Copa Cobana.
14. *Collonychium* (n. g.) *bicuspidatum* n. sp.; Copa Cobana.

Acarina.

1. *Gamasus* sp. indet.; Tijuca.
2. *Amblyomma adspersus* C. L. Koch; Barbacena.
3. — *oblongoguttatum* C. L. Koch; Chapeo d'Uvas.
4. — *infumatum* C. L. Koch; Chapeo d'Uvas.

NACHTRAG.

8a. *Avicularia vestiaria* (De G.); Chapeo d'Uvas.
25a. *Hypsinotus Selysii* n. sp.; Barbacena.
30a. *Ancylometes* (n. g.) *vulpes* n. sp.; Barbacena.

BEMERKUNGEN ZU DEN ARTEN.

Ord. SCORPIONES.

Gatt. ISOMETRUS Hempr. et Ehr.

1. **I. MACULATUS** (De G.).

Syn. **Scorpio maculatus**; De Geer, *Abhandl. zur Gesch. der Ins.*, VII, p. 135; Tab. XLI, Fig. 9, 10.
Lychas maculatus (♂) und **americanus** (♀); C. L. Koch, *Arachniden*, XII, pp. 1 ff.; Tab. CCCXCVII, Fig. 960, 961.
Isometrus maculatus; Thorell, *Étud. Scorpiol.*, p. 166 (92 d. Separ.).

Von dieser Art liegen 5 wohlerhaltene Exemplare (2 ♂, 3 ♀) von Rio vor; sie ist weit verbreitet, vielleicht durch Schiffe, da De Geer von ihr angiebt, dass sie in faulem Holze an feuchten Orten lebe; Koch erhielt sie auch aus Ostindien, Peters fand sie am Bord von Schiffen auf Mossambique und in Inbambane. Alle mir vorliegenden Exemplare besassen nur die 3 Hauptseitenaugen.

2. **I. AMERICANUS** (L.). (Fig. 1.)

Syn. **Scorpio obscurus**; Gervais, *Hist. nat. des Ins.*, Aptères, T. III, p. 55.
Tityus aethiops; C. L. Koch, *Arachn.*, XI, p. 11; Tab. CCCLXIV, Fig. 856.
Isometrus americanus; Thorell, *Étud. Scorpiol.*, p. 90.
Scorpio europaeus; De Geer, *Abhandl. zur Gesch. der Ins.*, VII, p. 134; Tab. XLI, Fig. 5-8.

Da ich nicht ganz sicher bin, ob ich nicht bei der Bestimmung der Gattung einen Fehler begangen, so lasse ich eine Beschreibung und Abbildung nach dem einzigen mir vorliegenden Exemplar folgen.

Cephalothorax kürzer als hinten breit, nach vorn bis zum ersten Beinpaar mässig und allmählich verschmälert, dann winkelig stärker verschmälert und der Seitenrand zugleich nach oben ansteigend; Vorderrand ein wenig ausgeschnitten, mit dem Seitenrand unter einem stumpfen Winkel zusammenstossend. Cephalothorax in der Mitte der Länge nach vertieft; aus der Vertiefung erhebt sich fast am Ende der vorderen Hälfte der Augenhügel, der den höchsten Punkt des Cephalothorax einnimmt; ober jedem Auge befindet sich eine mit der Concavität nach aussen gekehrte erhabene Leiste; hinter dem Augenhügel wird die Vertiefung breiter; sie erreicht den Hinterrand des Cephalothorax nicht vollkommen und ist von 2 fast S-förmig gebogenen Leisten, aus Körnchen bestehend, begrenzt. Ausser der erwähnten medianen Vertiefung finden sich einige seitliche Eindrücke, von denen der zwischen den Hüften des zweiten und dritten Beinpaares, der verlängert die vorhin erwähnte Leiste ungefähr in ihrer Mitte treffen würde, der deutlichste ist.

Die Seitenaugen liegen am vorderen schmäleren Theile des Seitenrandes; das vorderste ist das kleinste und dem zweiten genähert; die beiden anderen sind gleich gross und nicht ganz um ihren Halbmesser von einander entfernt, letzterer etwa halb so gross wie der der Scheitelaugen; alle Augen schwarz. (In diesem Exemplar sind wieder nur die 3 Hauptseitenaugen ausgebildet.)

Mandibeln kurz, aber stark gezähnt. Die obere Schneide des unbeweglichen Theiles an der Basis mit starkem, schräg abgestutzten und in der Mitte eingekerbtem Zahn; davor ein schwächerer Zahn; letzterem gegenüber befindet sich auf der unteren Schneide ein eben so schwacher Zahn; der bewegliche Theil hat (ausser den beiden kräftigen Spitzen) oben und unten je 2 Zähne.

Palpen mässig lang und schlank; Finger dünn, schwach gebogen, anderthalbmal so lang als die ganz schwach aufgetriebene Hand. Schneide der Finger mit etwa 15 weitschichtig gestellten stumpfen Zähnchen besetzt; von jedem Zähnchen läuft schräg rückwärts eine Reihe kleiner Körnchen, so dass man auch sagen könnte, die Schärfe sei mit etwa 15 Schrägreihen kleiner Körnchen besetzt, von denen das vorderste, etwas nach aussen gelegene, das grösste sei. (Diese eigenthümliche Bewaffnung veranlasste mich Anfangs, die Art als zur Gattung *Centrurus* gehörig zu betrachten; da aber diese kleinen Körnchen, deren Zahl in jeder Schrägreihe ungefähr 15 beträgt, doch nicht gut als *dentes* bezeichnet werden können, so glaube ich, dass meine gegenwärtige Auffassung die richtigere ist; cfr. Thorell, *Étud. Scorpiol.*, p. 83 (9); doch scheint mir durch diese Bildung der systematische Werth dieses von Thorell zur Trennung der Gattungen *Phassus* und *Isometrus* von *Rhopalurus* und *Centrurus* benutzten Merkmales zu sinken.) Die Glieder der Palpen namentlich auf der Oberseite mit Kanten (das zweite Glied hat 5, die übrigen 6 deutliche Kanten). Diese Kanten sind mit kleinen spitzen Höckerchen besetzt; an der Vorderkante des dritten Gliedes tritt ein Höckerchen etwas stärker zahnartig hervor.

Beine flach gedrückt, das letzte Paar ungefähr doppelt so lang wie das erste, so lang wie Cephalothorax und Abdomen; auch die Beine mit gekörnelten Kanten, die aber hier undeutlicher sind als an den Palpen.

Hinterleib ungefähr drittehalbmal so lang als der Cephalothorax; der Vorderrand der einzelnen Rückenplatten mit aufgelegtem Saume, der auf den hinteren breiter ist; in der hinteren Hälfte ein flacher Mittelkiel, ausserdem eine schwache Andeutung eines von dem aufgelegten Saume ausgehenden Seitenkieles; das letzte Segment umgekehrt nur in der vorderen Hälfte mit einer Art Mittelkiel, dahinter breit vertieft, ausserdem mit 2 Paaren gebogener Leisten (ausser den Seitenrändern) und zwischen diesen Leisten wiederum vertieft.

Brustkämme mit 18 Zähnen. (Was De Geer als kleine Kugel beschreibt und abbildet, ist wahrscheinlich die innerste der lam. interm., die aber bei meinem Exemplar nicht rund, sondern trapezoïdisch ist.)

Die 3 vorderen Bauchplatten mit einer Mittelfurche; die vierte mit einer Mittel- und einer daneben liegenden Seitenleiste, welche letztere auf der fünften Platte deutlicher ist und ausserdem in der vorderen Hälfte je eine weitere neben sich hat; die Mittelleiste ist auf dieser verschwunden.

Schwanz unbedeutend länger als das Doppelte des Hinterleibes; die Glieder bis zum fünften successive länger werdend, das fünfte aber doch nicht ganz doppelt so lang als das erste; die einzelnen Glieder an den Gelenken

10 VERZEICHNISS DER etc. BRASILIANISCHEN ARACHNIDEN.

eingeschnürt, auf der Oberseite der Länge nach vertieft, kantig; das erste mit 10, die 3 folgenden mit 8, das fünfte mit 5 Kanten; Endglied im Basaltheil eiförmig, oben flach, an den Seiten mit je einer breiten Furche, unten mit einem stumpfen Mittelkiel; Stachel so lang als der Basaltheil; letzterer unter dem Stachel mit einem Zahn, der an seiner Innenseite noch ein kleines Höckerchen hat.

Die Oberseite des ganzen Körpers ist glanzlos (nur das Basalglied der Mandibeln ist glatt und glänzend), feiner oder gröber gekörnelt; die Körnchen manchmal zu Linien angeordnet, namentlich auf den Leisten, in der hinteren Hälfte der Rückenplatten grösser und dichter als in der vorderen. Die Farbe ist auf der Oberseite ein dunkeles Olivenbraun; die Beine und Palpen, Brust- und Bauchplatten schmutzig gelb; die Finger und einige undeutliche Ringe auf den Palpen und Beinen dunkler; Endglied des Schwanzes braunroth, Stachelspitze dunkler.

Ein Exemplar von Rio.

(Bereits Thorell macht [*Étud. Scorpiol.*, p. 165 (91)] darauf aufmerksam, dass der *Tityus longimanus* und *aethiops* C. L. Koch mit *Isometrus americanus* L. sehr nahe verwandt seien; sie für synonym zu erklären, sieht er sich nur durch das verschiedene Vaterland veranlasst. Mein Exemplar stimmt mit der Koch'schen Beschreibung vollständig überein, und ich stehe nicht an, dasselbe für die Koch'sche Art zu halten; da *I. maculatus* nachgewiesener Maassen weit verbreitet ist, so darf auch ein Vorkommen von *I. americanus* auf Java nicht überraschend sein).

GATT. CERCOPHONIUS Pet.

3. **C. GLASIOUI** n. sp. (Fig. 2.)

Obwohl diese Art, nach den zahlreichen Exemplaren zu urtheilen, die von derselben von Pedra açu vorliegen, dort, wo sie vorkommt, häufig zu sein scheint, so konnte ich doch keine zutreffende Beschreibung derselben finden und beschreibe sie daher hier als neu.

Cephalothorax kurz, trapezoïdisch mit abgerundeten Hinter- und Vorderecken, geradem Vorderrande, ein wenig breiter als lang. Dicht hinter dem Vorderrande in der Mitte ein rundlicher Eindruck, hinter dem niedrigen Augenhügel eine sich nach hinten vertiefende und erweiternde Mittelfurche, die den Hinterrand indess nicht erreicht. Seitenfurche zwischen den Hüften des dritten und vierten Beinpaares sehr deutlich. Scheitelaugen dem Vorderrande etwas mehr als dem Hinterrande genähert; die (3) Seitenaugen klein, in einer gebogenen Linie. Mandibeln an der Spitze des Basalgliedes mit 2 flachen Gruben, von denen die innere, an der Basis des unbeweglichen Scheerenarmes liegende, die kleinere ist. Das bewegliche Scheerenglied mit einer einfachen Reihe von 5 Zähnen (dritter und vierter kleiner), der unbewegliche mit 2 Zähnen, von denen der an der Basis gelegene an der Spitze gegabelt ist. Palpen kurz; drittes Glied in der ersten Hälfte stark aufgetrieben, fast doppelt so dick als das vorhergehende, und wenig dünner als die Hand. Diese nicht ganz so lang wie das vorhergehende Glied, mit den schwach gebogenen Fingern von gleicher Länge; die Fläche mit grösseren und kleineren, zerstreuten, eingedrückten Punkten. Die Schneide mit ungefähr 36 Zähnchen besetzt, die keine zusammenhängende Reihe bilden, sondern in Gruppen von 5-6 unterbrochen sind, am Ende einer jeden Gruppe steht, etwas ausserhalb der Reihe, ein grösseres Zähnchen, und, in weiterer Entfernung von derselben, innen ebenfalls 6 längliche Höckerchen. Die Palpen wie der übrige Körper glatt; auf dem zweiten (und dritten) Gliede stehen starke Knötchen mit kraterartig vertiefter Endfläche, in deren Grunde eine starke Borste steht. Beine platt gedrückt, nach hinten an Länge zunehmend, sonst ohne Auszeichnung.

Brust bogenförmig, sehr kurz; Kämme mit gewöhnlich 11 Zähnen; 3 Rückenlamellen und eine einfache Reihe von 6-7 Mittellamellen.

Hinterleib (bei den durch die Eier aufgetriebenen Weibchen wenigstens) fast dreiundeinhalbmal so lang als der Cephalothorax; Rückenplatten vorn und an den Seiten mit aufgelegtem Saume, ohne Kiel, das letzte am Hinterrande mit einem Quereindruck, die vorderen hinter dem Vorderrande mit 2 symmetrisch gelegenen sehr undeutlichen Eindrücken.

Bauchplatten nahe dem Seitenrande mit einem Längseindruck; die letzte mit 2 der Mittellinie genäherten gerade nach vorn bis zur Hälfte reichenden und hier rechtwinkelig endigenden Leisten, ausserhalb deren 2 kürzere schräge stehen; diese Leisten aus aneinander gereihten Knötchen gebildet. Schwanz knotig; die einzelnen Glieder bis zum fünften an Länge zunehmend, die ersten breiter als lang, das fünfte doppelt so lang wie das erste und ebenso lang wie das Endglied (den Stachel einbegriffen). Die Glieder oben ausgehöhlt, die Ränder dieser Aushöhlung nur schwach als Längsleisten angedeutet. Sonst sind keine deutlichen Leisten an den Gliedern zu bemerken; nur an der Aussen- und Unterfläche des ersten und zweiten Gliedes reihen sich einzelne Höckerchen zu schwachen Leisten; die beiden ersten Glieder seitlich mit einer grossen Grube an der Spitze, die auch an den beiden folgenden in schwacher Andeutung vorhanden ist. Endglied oberseits ebenfalls schwach breit vertieft; an den Seiten eine breite Furche und 2 eben solche Furchen zu beiden Seiten der unteren Mittellinie, einen gleich breiten Raum, wie sie selbst sind, zwischen sich lassend. Stachel kurz, gebogen.

Der ganze Körper glänzend, glatt; letzte Rückenplatte in der hinteren Hälfte, die Aussenseite der Schwanzglieder, das fünfte auch auf der Unterseite mit feinen Körnchen besetzt, die sich auf den Schwanzgliedern zum Theil netzartig verbinden; die Unterseite des vorletzten Gliedes und das Endglied ist stärker gekörnelt, bei letzterem nur die Furchen glatt.

Farbe dunkelbraun, heller marmorirt (bei einigen Exemplaren ist Cephalothorax und Rückenplatten einfarbig dunkel); auf den Rückenplatten ordnen sich an den Seiten die helleren Flecken zu je einem eiförmigen Ringe, dessen Mitte wieder dunkel ist, zusammen; an den Schwanzgliedern wiegt oberseits die helle Farbe vor, so dass die dunkele nur in netzartigen Zeichnungen übrig bleibt. Die Hände und der Grundtheil des Endgliedes des Schwanzes sind rothbraun; Brust, Bauchplatten und Füsse blassgelb, letzte Bauchplatte nach dem Seitenrande hin schwärzlich.

Die Art scheint mit *C. squama* Gerv. von Australien näher verwandt zu sein als der ebenfalls aus America stammende *C. brachycentrus* Thor.; es liegen von ihr 11 ältere (40 Mm. lange) und zahlreiche junge (10 Mm. lange) Exemplare von Pedra açu vor; ich habe sie nach dem verdienten Botaniker und Director des *Passeio publico* benannt.

Die Unterschiede von *C. squama* sind : Cephalothorax vorn nicht ausgerandet; die letzte Bauchplatte mit Leisten (dagegen kann ich auf der letzten Rückenplatte keine Spur derselben entdecken); die Rückenleisten der Schwanzglieder nicht gezähnelt (nur ihr Anfang und Ende als Zähnchen hervorragend); Thorell erwähnt auch die seitliche Grube am Ende der ersten Schwanzglieder nicht. Die Punkte an den Händen ordnen sich nicht zu Längsreihen.

Anmerkung. — Es mag vielleicht nicht überflüssig sein, hier auf einen Druckfehler in der analytischen Gattungstabelle Thorell's in dessen *Étud. Scorpiol.* aufmerksam zu machen. Es heisst dort [p. 82 (8)] unter B*a* und B*b*: *margo inferior digiti* MOBILIS statt : *m. i. d.* IMMOBILIS; in den *Ann. a. Mag. Nat. Hist.* (4) XVII, pp. 7 und 8 heisst es ganz richtig : *Inferior margin of the immovable mand. fing.* etc.

Ord. ARANEAE.

Die meisten der gesammelten Arachniden gehören zu den echten Spinnen, sowohl der Zahl der Individuen wie der Arten nach. Ausser den allgemeinen Werken habe ich zur Bestimmung derselben namentlich einige Abhandlungen Keyserling's in den *Verh. der. Zool.-Bot. Gesellsch. Wien*, sowie den Aufsatz Blackwall's : *Descriptions of newly discovered Spiders captured in Rio Janeiro* in den ANN. A. MAG. NAT. HIST. (3) X und XI, benutzt. Die Arbeiten Taczanowsky's, Nicolet's, die benachbarte Faunengebiete behandeln, waren mir nicht zugänglich; einzelne Arten scheinen mit nordamericanischen, von Hentz beschriebenen, in naher Verwandtschaft zu stehen; ob sie mit denselben identisch sind, lässt sich aus den kurzen Beschreibungen dieses Autors nicht ersehen. Es wäre aber wohl an der Zeit, wenn das in der Literatur und den Museen zerstreute Material einmal gesichtet und gesammelt würde; eine Arbeit, die sich freilich nur mit Unterstützung sämmtlicher grösseren Museen ausführen liesse.

Unterordn. TETRASTICTA.

Diese Unterordnung ist nur durch die *Tetrapneumones* vertreten, die in Ausserer ihren Monographen gefunden haben. Bei dem Versuche indess, nach Ausserer's *Beiträgen*, etc., das mir vorliegende geringe Material zu bestimmen, kam ich überall auf neue Arten, was mich zu sehr frappierte. Ich fragte daher bei Ausserer an, der sich mit der grössten Liebenswürdigkeit zu einer Revision bereit erklärte, wofür ich ihm hier meinen wärmsten Dank ausspreche. Es gereichte mir indessen zur Beruhigung, dass auch Ausserer alle Arten, mit Ausnahme vielleicht einer, für neu erklärte, ein Beweis, wie wenig noch die fremden Länder mit Rücksicht auf ihre Arachnidenfauna durchforscht sind. Bei der Beschreibung der neuen Arten habe ich auf alle die Punkte Rücksicht genommen, die bei der Artunterscheidung als wichtig anerkannt sind; ausserdem aber habe ich auch die Samentaschen, deren systematischen Werth ich bei unseren Atypusarten hatte würdigen lernen, präpariert und abgebildet, und ich bin Prof. Van Beneden zu grösstem Danke verpflichtet, dass er mir auch bei Unicis diese Präparierung gestattete, selbst auf die Gefahr hin, dass dadurch die Bauchhaut eine kleine Beschädigung erlitt, die bei kleineren Arten selten ausbleibt.

Gatt. CYRTAUCHENIUS (Thor.?) Auss.

1. C. MACULATUS n. sp. (Fig. 7.)

Cephalothorax länglich, länger als Patella + Tibia IV, zwischen dem dritten und vierten Beinpaar am breitesten, von hier nach vorn allmählich, nach hinten plötzlicher verschmälert. Kopf durch eine tiefe Furche von der Brust abgesetzt und über dieselbe erhoben; Seitenfurchen ebenfalls deutlich. Rückengrube am Ende des zweiten Drittels gelegen, schwach gebogen, nach vorn offen. Augenhügel ein wenig mehr als doppelt so breit wie lang; die vordere Augenreihe von oben gesehen recurva, von vorn *deorsum curvata* Westr.; die Seitenaugen den Stirnrand fast berührend. Die Stirnaugen rund, schwarz pigmentiert, von einander um weniger als ihren Halbmesser und noch weniger von den vorderen Seitenaugen entfernt. Diese wie alle übrigen elliptisch, ihr kleinerer Durchmesser etwas kleiner, ihr grösserer etwas grösser als der Durchmesser der Stirnaugen. Die vorderen Seitenaugen die hinteren, und diese die Scheitelaugen berührend; letztere fast rund, um den doppelten Durchmesser von einander entfernt, mit blaugrauem Glanze, die Seitenaugen bernsteingelb.

Mandibeln mässig stark, vorn dicht mit Borsten besetzt, von denen die über der Einlenkung der Klaue am stärksten sind und dadurch zu einer Bildung hinführen, wie sie bei *Nemesia*, u. s. w. besteht. Innerer Klauenfalzrand mit 7 Zähnchen und ohne Haare, äusserer mit den gewöhnlichen langen Haaren.

Unterkiefer am Aussenrande doppelt so lang als breit, am Ende bogig ausgeschnitten, am Innenwinkel mit einigen Zahnhöckerchen; Unterlippe am Grunde so breit als lang, fast quadratisch.

Sternum unregelmässig siebeneckig, länger als breit, am breitesten zwischen den Hüften des zweiten und dritten Beinpaares, gewölbt, auf der Fläche fast kahl, nach den Rändern hin dicht borstig behaart; gegenüber den Hüften des dritten Beinpaares ein länglicher Wulst.

Beine kurz und stämmig; in dem Längenverhältniss 4, 1 = 3, 2; mit äusserst schwacher Scopula an den Metatarsen (die hinteren fast ohne solche); mit starken Haaren bekleidet, die Patellen oben mit 2 geschwungenen Haarblössen, die namentlich an dem dritten und vierten Paar recht deutlich sind. Tibia und Tarsen bestachelt.

Hinterleib länglich, hinten etwas breiter als vorn; nicht sehr dicht mit feinen anliegenden, und etwas dichter mit abstehenden Haaren bekleidet. Die unteren Spinnwarzen kurz und dünn, die oberen dicker und länger, aufwärts gebogen, unbedeutend länger als der Metatarsus des vierten Beinpaares, undeutlich zweigliederig, das erste Glied am Grunde wieder halb gegliedert, aus schmälerer Basis dicker werdend; das zweite Glied abgerundet kegelförmig.

Samentaschen (Fig. 7) länglich eiförmig, mit kurzem, gebogenen Stiel.

Cephalothorax mit seinen Theilen gelb, Augenhügel schwarz. Kralle der

Mandibeln roth; Hinterleib dunkelbraunroth, Bauch blassgelb; Rücken und Seiten mit zahlreichen gelben Fleckchen, die nach unten zu zahlreicher werden und sich hinten zum Theil zu 3-4 geschwungenen Querreihen anordnen. Spinnwarzen blassgelb.

Bestachelung der Beine : Taster am vierten Glied vorn und unten in der Mitte je 1, an der Spitze 3.

I. Tibia vorn mit 1,1, Tarsus unten mit 1,1 Stacheln.
II. Patella vorn mit 1, Tibia 1,1, Tarsus 1, unten 1,1 Stacheln.
III. Patella vorn mit 1,1, Tibia 1,1, oben 1, unten an der Spitze 2, Tarsus allseitig stark bestachelt.
IV. Patella hinten mit 1-2, Tibia vorn 1,1, hinten 1,1, unten 2; Tarsus allseitig mit zahlreichen Stacheln.

Füsse mit 2 Hauptkrallen und einer kleinen Afterkralle, die an den vorderen kaum wahrnehmbar ist; Tasterkralle mit 4 Zähnen; die Hauptkrallen der Beine gezähnt; die Zähne breit lamellös und in einer gebogenen Reihe angeordnet, indem die nach der Spitze zu stehenden nach aussen gerückt sind. (Diese lamellöse Bezahnung, die auch bei *Dysdera* vorkommt, scheint Ausserer auch durch die Abbildung der Tasterkralle von *Bolostromus venustus* (Zweiter Beitrag, etc., *Verh. Zool.-Bot. Ges. Wien*, XXV, Taf. V, Fig. 11) andeuten zu wollen; hier hat die Tasterkralle allerdings 14 Zähne.)

Maasse : Cephalothorax 3,8, Hinterleib 4,5, ganzer Körper 8, mit den Mandibeln 9,5 Mm. lang, 3 Mm. breit. I. Beinpaar 8; II. 7; III. 8; IV. 11 Mm. lang.

Ein wohlerhaltenes ♀ von Tijuca.

Thorell ersetzte den bereits anderweitig vergebenen Lucas'schen Namen *Cyrtocephalus* durch *Cyrtauchenius* und gab von dieser Gattung in seiner *Rev. Europ. Gen. Spiders*, p. 164, die Charakteristik : *Area oculorum* $2\frac{1}{2}$-3^{plo} *latior quam longior;... pedes... 3^{ii} paris reliquis breviores.* Beide eben angeführten Merkmale finden sich hier nicht vor. Ausserer, der mir diese Art als zu *Cyrtauchenius* gehörig bestimmte, giebt von der Gattung eine etwas andere Definition, indem dieselbe in seinem zweiten *Beitr.*, etc., pp. 134 u. 135 von den nächsten Verwandten durch die gleichmässige Bezahnung der Mandibeln, den Besitz einer Scopula an Tarsus und Metatarsus

VERZEICHNISS DER etc. BRASILIANISCHEN ARACHNIDEN. 17

der Taster und beiden ersten Fusspaare und Mangel von Stacheln an diesen Gliedern unterscheidet. An dem Endglied der Taster ist die Scopula nun so gut wie gar nicht, an den Tarsen der Beine durchaus nicht entwickelt, dafür dieses letzte Glied unten mit Stacheln; dadurch aber nähert sich diese Art der Gattung *Bolostromus* Auss. und bildet einen Uebergang von *Cyrtauchenius* Auss. zu derselben. Die brieflich geäusserte Vermuthung Ausserer's : « wahrscheinlich ein junges Thier und daher die Scopula wenig entwickelt », wird durch die bereits geöffnete Geschlechtsspalte und die Ausbildung der Samentaschen widerlegt; Spermatozoen enthielten die letzteren allerdings noch nicht.

Gatt. NEMESIA Sav. et Aud.

Es ist wohl kaum zu zweifeln, dass die beiden folgenden Arten zu dieser Gattung gehören, da Ausserer selbst sie dahin stellte; für die Benutzung der analytischen Gattungstabelle bei Ausserer sei aber bemerkt, dass das Merkmal : « Rückengrube nach vorn offen, oder : Rückengrube nach hinten offen » neben der Kopfbildung wohl nur untergeordneten Werth hat, da die mir vorliegenden Arten eine nach *vorn* geöffnete Rückengrube haben, während die Gattung bei Ausserer unter denen steht, die eine nach hinten geöffnete Rückengrube haben sollen.

Die beiden folgenden ausgezeichneten Arten dieser Gattung sind die ersten Vertreter derselben aus der Neuen Welt; sonst ist die Gattung nur aus den Mittelmeerländern und (in einigen zweifelhaften Arten) aus dem Indianischen Faunengebiet bekannt geworden (*Mygale radialis* Cambr., *M. Mindanao* Walck.). Zur Territelarienfauna der Mittelmeerländer aber stellt die Gattung *Nemesia* ein reiches Contingent.

2. **N. ANOMALA** n. sp. (Fig. 3.)

Cephalothorax lang, die grösste Breite in drei Viertel der Länge, hinten gerundet, nach vorn nur wenig verschmälert, vorn gerade abgestutzt; vom Hinterrande sehr flach und regelmässig nach vorn ansteigend, auch der

Quere nach regelmässig gewölbt. Rückengrube zu Beginn des letzten Viertels liegend, nach vorn offen. Von derselben läuft jederseits eine starke Furche zur Einlenkung der Maxillen und 2 schwächere und kürzere zwischen das erste und zweite, und zwischen das zweite und dritte Beinpaar. Sonst ist die Oberfläche glatt, nicht sehr glänzend, mit anliegenden weichen Häärchen bekleidet. Augen auf einer rechteckigen Erhöhung; nur die vorderen Mittelaugen rund, fast um ihren Durchmesser von einander und um mehr von dem Stirnrande entfernt. Die vorderen Seitenaugen nicht ganz so weit von den Mittelaugen als diese von einander entfernt; elliptisch, ihr grösster Durchmesser grösser als der der Mittelaugen, so tief stehend, dass eine gemeinsame untere Tangente der Mittelaugen fast den oberen Rand der Seitenaugen berührt. Die Mittelaugen der hinteren Reihe die Seitenaugen fast berührend. Die Augen der vorderen Reihe gewölbt und bernsteinfarben; die der hinteren flacher und grau; alle Augen klein.

Mandibeln mässig lang, von der Seite betrachtet den Bogen eines Viertelkreises ausfüllend; Innenseite flach, Aussenseite regelmässig gewölbt; Unterrand schmal; nur am Innenrande des Klauenfalzes stehen (7 fast gleich grosse) Zähnchen in einer Reihe; am Aussenrande lange Haare. Unterlippe kurz und breit.

Sternum lang fünfeckig, schwach gewölbt; Hinterleib kurz walzenförmig, dicht behaart; die obersten Spinnwarzen 4-gliederig, 2 Mm. lang; das erste Glied kurz, zweites abgestutzt umgekehrt kegelförmig, drittes cylindrisch, viertes kegelförmig; zweites Glied das dickste, namentlich am Ende. Untere Spinnwarzen cylindrisch, so lang wie das letzte Glied der oberen.

Die Samentaschen (Fig. 3) stellen zwei rundliche Blasen mit geradem Stiel dar; der Stiel erhebt sich am Grunde eines kleinen Hügels und beide Hügel sind von einander weiter entfernt, als der Stiel lang ist.

Farbe des Cephalothorax mit seinen Theilen gelbbraun, Mandibularklaue rothbraun; Hinterleib braunroth; Spinnwarzen blassgelb.

Maasse : Cephalothorax 4 Mm. lang, 2,5 breit; Hinterleib 4,6 Mm. lang; die Dicke kann, da das Exemplar eingeschrumpft ist, nicht angegeben werden.

VERZEICHNISS DER etc. BRASILIANISCHEN ARACHNIDEN. 19

Beinpaare.	Femur.	Patella.	Tibia.	Tarsus.	Metatarsus.	Total.
I.	2,4	1,7	1,8	1,8	1,3	9,6 Mm.
II.	2	1,6	1,7	1,6	1	9 —
III.	1,9	1	1,3	1,3	1	7,5 —
IV.	3	1,8	2	2,1	1,1	11 —

Ein sehr verletztes Exemplar dieser durch die Stellung und Kleinheit der Augen ausgezeichneten Art von Pedra açu.

3. N. FONNOH n. sp. (Fig. 4.)

Cephalothorax von der gewöhnlichen Gestalt, nach hinten zu plötzlicher und stärker verschmälert als nach vorne; hinten breit zugerundet, vorn gerade abgestutzt. Rückengrube gegen Ende des zweiten Drittels gelegen, schwach nach vorn gebogen (U-förmig); der Kopftheil durch eine starke Furche abgesetzt, die übrigen Furchen nicht sehr deutlich. Augenhügel etwa um die Hälfte breiter als lang; Stirnaugen rund, um mehr als um ihren Halbmesser von einander und um weniger von den vorderen Seitenaugen entfernt, so weit zurückstehend, dass der am weitesten vorstehende Punkt ihres Vorderrandes in dieselbe Querebene mit dem Mittelpunkt der Seitenaugen kommen würde. Mit Ausnahme der Stirnaugen sind alle übrigen elliptisch oder eirund; die vorderen Seitenaugen am grössten, ihr kleinerer Durchmesser so gross wie der der Stirnaugen; Seitenaugen einander und die hinteren die Scheitelaugen fast berührend, Scheitelaugen den Stirnaugen genähert, von einander fast um mehr als den doppelten Durchmesser der Stirnaugen entfernt.

Basalglied der Mandibeln nur unbedeutend länger als das Schenkelglied der Taster; beide Falzränder mit Haaren besetzt, aber der äussere dichter und mit längeren; am inneren stehen 8 Zähnchen. Die Maxillen an der Innenseite leicht ausgebogen und mit langen weichen Haaren bekleidet; an der Basis ein dreieckiges Feld dicht mit zahnartigen Höckerchen besetzt. Brustschild länger als breit, am breitesten zwischen den Hüften des zweiten und dritten Beinpaares; nach hinten rascher verschmälert und zwischen den Hüften des vierten Beinpaares zugespitzt, vorn abgestutzt, quer über gewölbt; ziemlich dicht mit abstehenden Haaren bekleidet.

Hinterleib walzenförmig, so lang als der Cephalothorax; an den oberen Spinnwarzen ist das erste Glied kurz, auf der Unterseite gebogen; das zweite und dritte Glied cylindrisch und ungefähr gleich lang; das vierte Glied schief kegelförmig, etwa halb so lang wie das dritte, die ganzen Spinnwarzen so lang wie der Tarsus des dritten Beinpaares. Samentaschen im Allgemeinen wie bei voriger Art, nur etwas stärker (Fig. 4).

Farbe des Cephalothorax mit den Beinen gelbbraun, Kopftheil dunkler; Mandibeln braunroth, Haare am Falzrand und am Innenrande der Maxillen ziegelroth. Cephalothorax auf dem Rücken mit anliegenden glänzenden Häärchen, alle übrigen Theile mit abstehenden längeren Haaren bekleidet. Hinterleib braunroth (bei Spiritusexemplaren mit unregelmässigen blassgelben Flecken, die aber durch Abtrocknen verschwinden); Spinnwarzen auf der Unterhälfte blassgelb.

Letztes Glied der Taster, die Metatarsen sämmtlicher und die Tarsen der beiden vorderen Beinpaare mit Scopula.

Tarsus des ersten Beinpaares unten mit 2 Stacheln, einem in der Mitte und einem an der Spitze; am zweiten Beinpaare 4 Stacheln, 2 an der Spitze; die beiden hinteren Beinpaare haben auch an den (Patellen und) Schienen vorn und hinten Stacheln; unten an der Spitze zwei lange, aufwärts gebogene; Tarsen überall sehr stark bestachelt. 2 lange, doppelreihig gezähnte Hauptkrallen und eine kleine Afterkralle.

Maasse: Länge des Cephalothorax 5,2; des ganzen Körpers 10,5; Breite des Cephalothorax 4 Mm.

Beinpaare.	Femur.	Patella.	Tibia.	Tarsus.	Metatarsus.	Total.
I.	3,6	2,1	3	2,1	2	14 Mm.
II.	3,5	2,1	2,2	2	1,8	12,4 —
III.	3	2	2,2	2,1	1,8	11 —
IV.	4,5	2,6	3	3,5	2	16,6 —

4 ♀ von Pedra açu.

Gatt. DIPLURA C. L. Koch.

1. D. GYMNOGNATHA n. sp. (Fig. 5.)

Cephalothorax länger als breit, in der Mitte am breitesten, von hier nach hinten regelmässig kreisförmig gerundet, nach vorn weniger verschmälert; Rückengrube gegen Ende des zweiten Drittels der Länge, tief; Kopffurche sehr deutlich, Kopftheil mässig erhöht; Seitenfurchen ebenfalls deutlich. Thorax namentlich im Umkreise dicht mit gekräuselten, angedrückten, gelb seidenglänzenden Haaren bekleidet; am äussersten Rande stehen nach vorn und aussen gerichtete, geschwungene stärkere Borsten von brauner Farbe. Kopftheil fast gleichseitig dreieckig, viel schwächer behaart (vielleicht aber auch stärker abgerieben), Kopffurche ganz nackt; über die Mitte des Kopfes verläuft eine Längsnath, hinter dem Augenhügel ein seichter Quereindruck (vielleicht nur individuell).

Augenhügel mässig erhoben, doppelt so breit als lang; Stirnaugen rund, alle übrigen elliptisch, die Scheitelaugen sich der runden Form am meisten nähernd. Die Stirnaugen so weit zurückstehend, dass eine gemeinsame Tangente an ihren Vorderrand durch den in derselben Horizontalebene verlegten Mittelpunkt der Seitenaugen gehen würde, und zugleich so hoch auf den Augenhügel gerückt, dass dieselbe über diesen hinweggeht; die vordere Augenreihe daher sowohl bei der Ansicht von oben wie von vorn gebogen, das letztere aber stärker. Die vorderen Seitenaugen lang elliptisch, der grössere Durchmesser doppelt, der kleinere eben so gross wie der Durchmesser der Stirnaugen. Die hinteren Seitenaugen die vorderen fast berührend, nicht ganz eben so gross; die Scheitelaugen dieselben auf längere Strecke berührend, von den Stirnaugen um mehr als deren Halbmesser entfernt.

Mandibeln stark, von oben betrachtet die Seitenränder fast parallel; der untere Rand schmal; am äusseren Klauenfalzrande steht eine dichte Mähne röthlicher Haare, am inneren stehen dieselben weit lockerer. Letzterer mit 11 Zähnchen; die 6 ersten stehen dicht bei einander, das siebente weiter entfernt, die folgenden wieder dichter bei einander; die mittleren sind die grössten. Klaue kräftig; Gelenkstück [1] etwas länger als breit. Basalglied wie der Cephalothorax dicht mit anliegenden gelben Haaren und stärkeren abstehenden, dunkelbraunen Borsten bekleidet; Aussenfläche mit 3 unbehaarten Längsstreifen, von denen der dritte fast die ganze untere Hälfte einnimmt. (Diese bei den meisten Arten auftretenden kahlen Stellen rühren wohl von der Reibung des Schenkels der Taster an den Mandibeln her.) Maxillen am Aussenrande doppelt so lang wie breit, an der Innenseite dicht mit gebogenen weichen Haaren besetzt, am Grunde mit ungefähr 20 zahnähnlichen Höckerchen. Unterlippe nicht ganz so lang, wie an der Basis breit, fast einen Kugelquadranten darstellend. Sternum lang herzförmig, gewölbt; am Rande vor der Hüfte des dritten Beinpaares ein rundlicher Eindruck; auch hinter der Unterlippe eine doppelt gebogene, ———förmige Nath.

Beine in dem Längenverhältniss 4, 1, 2, 3; lang, aber dabei kräftig; das Schenkelglied der Taster sehr stark, die übrigen Schenkel schwächer gebogen; Metatarsen mit (10-14) Querringeln, wodurch eine Krümmung derselben möglich wird, und eine Art unvollständiger Gliederung entsteht, da die Haut an diesen Stellen weich ist. Tasterendglied, Tarsus und Metatarsus der beiden ersten Beinpaare mit dichter Scopula; eine schwächere, in der Mitte durch Borsten getheilte, an den Metatarsen der Hinterpaare. Schienen und Tarsen der Vorderbeine unten, der Hinterbeine überall bestachelt. 2 schwach gebogene Hauptkrallen und eine Afterkralle; Hauptkralle in der Basalhälfte zweireihig gezähnt.

Hinterleib unbedeutend länger als der Cephalothorax (bei dem einzigen vorliegenden Exemplar ist er seitlich ganz zusammengefallen); die unteren Spinnwarzen kurz und dünn; die oberen lang, aber kürzer als der Hinterleib, nicht ganz so lang wie der Tarsus des vierten Beinpaares. Sie sind unvollkommen viergliederig, indem das erste Glied an der Innenseite bis zur Mitte der Unterseite getheilt ist; diese Theilungsfurche bildet den Anfang einer Spirallinie, die anfangs steil ansteigt, dann aber fast rechtwinkelig zur Längsaxe des Gliedes verläuft und, wie bereits erwähnt, auf der Unterseite

---

[1] Mit diesem Namen bezeichne ich die an der Basis der Klaue auf der Unterseite sowohl mit der Klaue wie mit dem Basalglied articulierende Platte.

ihr Ende erreicht. Das zweite Glied ist etwas kürzer als die beiden anderen, cylindrisch, das letzte nach der Spitze zu dünner werdend, das erste aus schmälerer Basis verbreitert, das zweite ungefähr so dick wie Metatarsus IV. Samentaschen schlauchförmig (Fig. 5).

Grundfarbe des Cephalothorax rothbraun, Hinterleib mehr gelbbraun, Bauchseite heller; Mandibeln dunkelrothbraun; der ganze Körper mit anliegenden weichen Haaren und mit abstehenden stärkeren Borsten bekleidet. *Maasse*: Länge des Cephalothorax 9, Hinterleib 10, des ganzen Körpers incl. Mandibeln und Spinnwarzen 27 Mm.; Breite des Cephalothorax 7,2 Mm.

Beinpaare.	Femur.	Patella.	Tibia.	Tarsus.	Metatarsus.	Total.
I.	6,2	4	5	5	5,8	28 Mm.
II.	6	4	4,5	4,5	3,2	25,6 —
III.	5,1	3	4	5	3,2	25 —
IV.	7	3.4	5,6	7	4	31,2 —

Der Taster ist 19,6 Mm., die oberen Spinnwarzen 6 Mm. lang.

Ein ♀ von Pedra açu.

Diese Art, die Ausserer selbst mir als *D. aequatorialis* Auss. nahe stehend bezeichnete, macht durch die kurzen oberen Spinnwarzen eine Aenderung in der synoptischen Gattungstabelle Ausserer's nothwendig (*Verh. Zool.-Bot. Ges. Wien*, XXV, p. 135, n° 32); eine endgültige scharfe Begrenzung der einzelnen Gattungen wird überhaupt erst bei genauerer Kenntniss eines reicheren Materials möglich sein.

GATT. THALEROTHELE (n. g. *Tapinocephalorum*).

Parte cephalica ruga profunda a thorace distincta; oculorum area plus duplo latiore quam longiore; oculis *mediis anticis maximis*, spatio radium vix aequante distantibus; mandibulis antice supra unguis insertionem setis tantum (non, ut in *Nemesia*, spinis) munitis; juxta unguem serie singula dentium armatis; pedum proportio 4, 1, 2, 3; *scopula nulla*, unguiculis trinis, exterioribus dupla denticulorum serie; *mamillis superioribus gracilibus, longis,* abdomine paullo brevioribus.

Genus *Diplurae*, *Macrothelae* et *Ischnothelae* proximum; a *Diplura* differt scopularum absentia, a *Macrothele* magnitudine oculorum mediorum anticorum; ab *Ischnothele* pedum proportione, parte cephalica distinctissima, etc.

Die Gattung steht *Macrothele* und *Ischnothele* am nächsten, scheint mir aber eher eine selbständige Gattung, als mit *Ischnothele* eine Untergattung von ersterer zu bilden, namentlich aus dem Grunde, weil nur der innere Falzrand mit Zähnen bewaffnet ist, während nach Ausserer bei *Macrothele* auch der äussere Falzrand Zähne trägt, ein Umstand, der um so schwerer ins Gewicht fällt, als sich dieses Merkmal bei Territelarien selten findet.

5. **T. FASCIATA** n. sp. (Fig. 6.)

Cephalothorax länglich, nach vorn nur wenig verschmälert; im hinteren Theile nach den Seiten sehr schräg, im vorderen steiler abfallend. Rückengrube hinter der Mitte gelegen, nicht sehr tief, nach hinten offen. Kopftheil durch tiefe Seitenfurchen von dem Brusttheil getrennt; 2 Seitenfurchen ebenfalls sehr deutlich, aber nicht ganz so tief wie die Kopffurche. Augenhügel mässig erhoben, hinten fast geradlinig, vorn gebogen begrenzt, etwa doppelt so breit als in der Mitte lang. Stirnaugen die grössten, um weniger als ihren Halbmesser von einander und von den vorderen Seitenaugen entfernt, mit diesen einen Bogen bildend, dessen Ebene senkrecht ist, so dass die vordere Reihe von oben betrachtet als gerade Linie erscheint. Die Augen der hinteren Reihe einander, und die Scheitelaugen die Stirnaugen fast berührend; nur die letzteren rund; die Augen der hinteren Reihe ungefähr gleich gross, etwas kleiner als die vorderen Seitenaugen.

Mandibeln mässig lang, nur am inneren Falzrande mit einer Reihe von ungefähr 8 grösseren Zähnchen; zwischen den letzten derselben (d. h. am Grunde) kleinere Zähnchen eingeschaltet. Aeusserer Rand mit langen Haaren besetzt, zwischen denselben auch einige Höckerchen; Kralle stark.

Maxillen fast doppelt so lang als breit, Aussenrand länger als Innenrand, da sie an der Basis schräg abgeschnitten sind, hier mit 6-7 zahnähnlichen Höckerchen zwischen den Haaren. Unterlippe rechteckig, nicht ganz so lang als breit.

Sternum lang herzförmig, am Vorderrande ausgerundet, nur an den Hüften des dritten Beinpaares mit Eindrücken; ziemlich dicht mit abstehenden Borsten bekleidet.

Beine in dem Längenverhältniss 4, 1, 2, 3; ziemlich dicht mit abstehenden Borsten und wie der Cephalothorax und Hinterleib weniger dicht mit weichen angedrückten Haaren bekleidet; Schienen und Tarsen bestachelt. Die beiden Hauptkrallen sind lang, aber schwach, schwach gebogen; in der Grundhälfte doppelreihig gezähnt.

Hinterleib länglich walzenförmig; Spinnwarzen dünn und lang; die unteren eingliederig, spindelförmig, mit dünnerer Basis, nicht so lang und etwas dicker wie das Endglied der oberen. Diese erreichen nicht die Länge des Hinterleibes, dreigliederig, die einzelnen Glieder fast gleich lang; das erste das dickste und selbst unvollkommen zweigliederig, indem die Gliederung nur an der Innenseite ausgesprochen ist (vgl. die vorhergehende Art).

Cephalothorax mit allen Theilen hellgelbbraun, Augenhügel und Stirnrand verdunkelt; Kralle der Mandibeln mit Ausnahme der roth durchscheinenden Basis und Spitze fast schwarz; Hinterleib oben und an den Seiten dunkelbraunroth, Bauch hellgelb, nach hinten verdunkelt. Zu beiden Seiten des Rückens verläuft eine Reihe zusammenhängender gelblicher Flecken, die die Mitte 5-6 Mal ausgezackt erscheinen lassen; die Seiten sind, namentlich hinten, mit kleinen gelben Flecken gesprenkelt. Die Spinnwarzen von der Farbe der Beine, die oberen aber unten verdunkelt.

Ueber die Samentaschen kann ich nichts angeben, da ich sie nicht finden konnte; wahrscheinlich war das Exemplar noch nicht entwickelt.

Maasse : Länge des Cephalothorax 6, des Hinterleibes 8, der oberen Spinnwarzen 6,5, Totallänge des Körpers (ohne Mandibeln und Spinnwarzen) 14,5 Mm. Breite des Cephalothorax 4,8, des Hinterleibes 5 Mm. I. Beinpaar 30; II. 28; III. 27,5; IV. 32,6; der Taster (ohne Maxillen) 10 Mm. lang.

Von dieser Art war ein (wahrscheinlich junges) ♀ bei Tijuca gesammelt worden.

Gatt. MACROTHELE Auss.

6. M. ANNECTENS n. sp.

Cephalothorax unbedeutend länger als breit, nach vorn wenig verschmälert; Kopf- und Seitenfurchen deutlich; Augenhügel mässig erhoben, breit. Stirnaugen rund, *fast um ihren Durchmesser von einander* und um ihren Halbmesser von den elliptischen vorderen Seitenaugen entfernt, deren kleinerer Durchmesser dem der Stirnaugen gleichkommt. Die hinteren Seitenaugen die vorderen und die Scheitelaugen berührend, letztere nur unbedeutend kleiner als die Stirnaugen und dieselben beinahe ebenfalls berührend, aber schwächer gewölbt. Mandibeln *nur am Innenrande* gezähnt. Unterlippe doppelt so breit als lang, rechteckig; Sternum herzförmig.

Beine in dem Längenverhältniss 4, 1, 2, 3, mit langen Haaren bekleidet, unter denen auf den Schenkeln oben einige durch besondere Stärke sich auszeichnen, ohne jedoch eigentliche Stacheln zu bilden; die Tibien unten mit solchen längeren Borsten, Tarsen mit Stacheln; auch Patella und Tibia oben mit langem, geschwungenem Haar. Keine Scopula; die Hauptkrallen doppelreihig gezähnt.

Hinterleib walzenförmig; die oberen Spinnwarzen haben das letzte Glied verloren, ihre ganze Länge kann daher nicht mit Bestimmtheit angegeben werden, doch scheint dieselbe die des Hinterleibes nicht erreicht zu haben. Die beiden ersten Glieder sind so lang wie der halbe Hinterleib, das erste übrigens ebenfalls am Grunde halb gegliedert, ausserdem die ganze Warze von den Seiten her zusammengedrückt und die Unterseite daher schneidig; die unteren Spinnwarzen dünn, nicht ganz so lang wie das zweite Glied der oberen.

Samentaschen auch hier nicht zu finden.

Cephalothorax mit allen Extremitäten dunkelgelb, von der Rückengrube laufen zahlreiche feine schwarze Linien strahlenförmig zum Rande; Kralle der Mandibeln dunkelroth; Rücken mit anliegenden Haaren locker, alle übrigen Theile mit abstehenden längeren Haaren dichter bekleidet; Hinterleib oben und in Seiten dunkelbraunroth, unten gelb; mit kürzeren anliegenden und längeren abstehenden Haaren bekleidet. (Auf der rechten Seite, gerade über dem hinteren Stigma, ist ein kräftiger, nach hinten gerichteter Stachel, von dem auf der linken, allerdings verletzten, Seite keine Spur zu sehen ist; in wiefern derselbe zum Artcharakter gehört, kann ich daher nicht angeben.)

Maasse: Cephalothorax 3,5, Hinterleib 3,8, ganzer Körper 8 Mm. lang; Cephalothorax breit 3 (Hinterleib 2,8?) Mm. I. Beinpaar 12; II. 10,8; III. 10; IV. 12,2 Mm.

Ein ziemlich verletztes Exemplar von Pedra açu.

Ich lasse diese Art bei *Macrothele* stehen, wohin sie Ausserer gebracht hatte, der dabei bemerkte: « zu *Brachythele* hinführend ». Die Art unterscheidet sich von der vorhergehenden namentlich durch die kleineren Stirnaugen; ob sie nicht besser in die Gattung *Thalerothele* passte, lässt sich erst durch reicheres und ausgewachsenes Material entscheiden; die Bewaffnung des Klauenfalzrandes scheint mir eher gegen die Zugehörigkeit zu *Macrothele* zu sprechen.

Gatt. CRYPSIDROMUS Auss.

7. *C.* **FALLAX** n. sp. (Fig. 8.)

Syn. *C.* **intermedius** Auss. (?); Zweit. Beitr., etc., a. a. O., p. 180.

Ausserer bestimmte mir vorliegende Art fraglich als *C. intermedius* Auss., bemerkte aber dabei, dass die Augenstellung verschieden sei und Tibia IV auch *unten* Stacheln habe. Da mir die angezogene Art nicht zur Vergleichung vorliegt, so muss ich mich an Ausserer's Beschreibung halten und dabei zunächst bemerken, dass auch die Scopula an Metatarsus (d. h. letztem Glied) III durch Stacheln getheilt ist, die hier aber weniger deutlich als an Metatarsus IV sind. Nach der analytischen Gattungstabelle (a. a. O., XXV, p. 137) würde diese Art demnach zur Untergattung *Hapalopus* Auss. gehören; da das Exemplar aber noch nicht ausgewachsen ist, so wäre möglich, dass mit der letzten Häutung dieses Merkmal verschwinden würde, und ich lasse sie daher in der Gattung, in die sie der beste Kenner dieser Familie verwiesen hat, finde aber unter ihren Merkmalen hinreichend Abweichungen von C. *intermedius*, die ich nicht auf Altersunterschiede zurückführen kann, um sie wenigstens durch einen neuen Namen hervorzuheben.

Cephalothorax länglich, unbedeutend kürzer als Patella + Tibia IV; Rückengrube zu Beginn des letzten Drittels, tief, fast quer, nur unbedeutend nach vorn geöffnet; Kopf- und Seitenfurchen deutlich. Augenhügel mässig erhoben, fast rechteckig, ein wenig mehr als doppelt so breit als an den Seitenaugen lang. Die Stirnaugen so weit zurückstehend, dass eine gemeinsame Tangente an ihren Unterrand die Seitenaugen in ihrem hinteren Drittel schneiden würde; von einander um nicht viel mehr als ihren Halbmesser und um etwas mehr von den vorderen Seitenaugen entfernt. (Die relative Grösse lässt sich wegen der verschiedenen Gestalt schwierig abschätzen; doch würde ich die Mittelaugen für kleiner als die Seitenaugen erklären.) Die hinteren Seitenaugen um ihren kleineren Durchmesser von den vorderen entfernt, die Scheitelaugen berührend; diese sehr flach und fast halb eiförmig.

Mandibeln kräftig; der äussere Falzrand stark, der innere schwach bebartet; letzterer mit 9 nach hinten allmählich kleiner werdenden Zähnchen. Unterkiefer am Innenrande ebenfalls lang bebartet, an der Spitze mit einer vorspringenden Ecke, am Grunde mit Zahnhöckerchen, wie auch die Unterlippe; diese am Grunde breiter als lang.

Sternum fast viereckig, unbedeutend länger als breit, in Folge der starken Querwölbung aber im Verhältniss zur Länge schmäler erscheinend; gegenüber den Hüften des dritten Beinpaares mit einem schwachen, nicht kahlen Eindruck.

Hinterleib eiförmig; die unteren Spinnwarzen kurz und dünn, die oberen so lang wie Tibia I, dreigliederig, das erste Glied unvollkommen zweigliederig, das zweite Glied das kürzeste, das dritte fast spindelförmig.

Die Farbe der Chitinhaut des Körpers ist lehmgelb; der ganze Cephalothorax mit eben so gefärbten anliegenden Haaren bedeckt, die am Seitenrande des Cephalothorax und an den Gliedenden der Beine ins Greise übergehen; über den Rücken der Patellen und Tibien, an letzteren namentlich sehr deutlich, laufen 2 Längslinien aus greisen Haaren. Die hintere Hälfte des Hinterleibrückens besonders dicht behaart, die Haare hier dunkel; in der Mitte gebogen, an der Spitze mit einigen rückwärts gerichteten Fiederchen besetzt und dadurch einiger Maassen an die Haare im Schwanzpinsel von *Polyxenus* erinnernd (Fig. 8*b*); sie stecken in feinen gebogenen Röhrchen und fallen sehr leicht aus. An allen Körpertheilen (mit Ausnahme des Cephalothorax) sind diesen anliegenden Haaren längere abstehende, gegen die Spitze weissliche, eingestreut; dieselben sind am Hinterleibe besonders lang und dicht und machen am Sternum die einzige Bekleidung aus.

Ausser den Metatarsen sämmtlicher und der Endhälfte der Tarsen der drei ersten Beinpaare hat auch das Endglied der Taster eine dichte, breite Scopula, die an dem Metatarsus III undeutlich, am Metatarsus IV deutlich durch ein Stachelband getheilt ist. Krallen hinter starken Büscheln langer Haare stehend, sehr kurz gezähnt.

Femur und Patella sämmtlicher Beine ohne Stacheln; viertes Tasterglied in der Mitte vorn mit 1, an der Spitze unten mit 3 Stacheln; Tibien der beiden Vorderpaare ohne, Tarsus I unten am Ende 1, II unten 1,1, hinten 1; Tibia III vorn 1,1, unten 1,3, hinten 1, IV vorn 1, hinten 1,1, unten am Ende 3; Tarsus III und IV unten mit zahlreichen Stacheln.

Maasse: Cephalothorax 9,5, Hinterleib 12, ganzer Körper mit Mandibeln (aber ohne Spinnwarzen) 26 Mm. lang; Cephalothorax und Hinterleib 7,5 Mm. breit.

Beinpaare.	Femur.	Patella.	Tibia.	Tarsus.	Metatarsus.	Total.
I.	7,1	4,6	5,5	4,6	4	30 Mm.
II.	0,7	3,9	4,6	4	3,9	27 —
III.	6	3,9	4,5	4,6	3,9	26 —
IV.	6,9	3,9	6	6,5	4	33,6 —

Taster 21 Mm. lang.

Ein junges, wohlerhaltenes ♀ von Tijuca.

Gatt. TRECHONA (C. L. Koch) Auss.

Ein männliches, von Pedra açu stammendes Exemplar bestimmte mir Ausserer als zu dieser Gattung gehörig und bemerkte dabei, dass durch dieselbe die Gattungsdiagnose eine kleine Aenderung erleiden müsse. Ich wiederhole daher Ausserer's Diagnose mit Auslassung derjenigen Merkmale, die bei vorliegender Art nicht zutreffen (conf. *Verh. Zool.-Bot. Ges. Wien*, XXI, p. 197).

Cephalothorax oval, mit verschmälertem, durch deutliche Furchen abgegrenztem Kopftheil. Augen gedrängt. Mandibeln schwach, seitlich zusammengedrückt; Unterkiefer doppelt so lang als breit, Unterlippe kürzer als breit. Sternum wenig länger als breit. Beine in dem Verhältniss 4, 1, 2, 3, das letzte mindestens um den Metatarsus länger als das erste; die Tarsen dünner und (wenigstens die hinteren) länger als die entsprechenden Tibien. Alle Metatarsen und die Tarsen der Vorderpaare mit schmaler, schwacher, ungetheilter Scopula. Die oberen Spinnwarzen halb so lang als der Hinterleib.

Von dieser Gattung war bisher nur die eine Art *T. venosa* (Latr.) (*zebra* C. L. Koch) bekannt, wozu Ausserer (a. a. O., p. 198) das ♂ beschrieb. Die vorliegende Art ist beträchtlich kleiner, hat stämmigere, wenig bestachelte Beine, nicht kolbig verdickte Schienen und nicht geschwungene Tarsen der Vorderbeine, einen gesprenkelten, nicht gebänderten Hinterleib. Ich nenne sie

8. **T. ADSPERSA** n. sp. (Fig. 9.)

Cephalothorax schön eiförmig, hinten schwach ausgerandet; Rückengrube gegen Ende. des zweiten Drittels gelegen, lang elliptisch. Kopf- und Seitenfurchen deutlich. Augenhügel ziemlich erhoben, breit; das von den 4 Seitenaugen gebildete Rechteck hat eine mehr als doppelt so grosse Basis als Höhe. Die vordere Augenreihe durch das Zurückstehen der Mittelaugen mässig gebogen (*procurva*), von vorn betrachtet durch die auf dem Gipfel des Augenhügels stehenden Stirnaugen sehr stark gebogen (*deorsum curvata* Westr.); nur die Stirnaugen rund, etwa um ihren Halbmesser von einander und um etwas weniger von den elliptischen Seitenaugen entfernt; die kleinere Axe derselben so gross wie der Durchmesser der Mittelaugen, die grössere Axe nicht bedeutend grösser. Die hinteren Seitenaugen die vorderen beinahe berührend; die Scheitelaugen die hinteren Seitenaugen und fast die Stirnaugen berührend; die Grösse der einzelnen Augen nicht sehr verschieden.

Mandibeln schräg vorgestreckt, seitlich schwach zusammengedrückt; der äussere Klauenfalzrand mit den gewöhnlichen langen Haaren, der innere mit 8 Zähnchen. Innenrand der Unterkiefer mit Haaren, an der Spitze in eine Ecke vorspringend, an der Basis mit wenig bemerkbaren Zahnhöckerchen.

Sternum länglich, vorn ausgerandet, zwischen den Hüften des zweiten Beinpaares am breitesten, hinten zugespitzt, gewölbt; vor den Hüften des dritten Beinpaares ein schwacher Eindruck.

Die Beine lang, aber kräftig, namentlich Schenkel, Kniee und Schienen; die Schienen des ersten Paares walzenförmig verdickt, unten mit 2,2, 2 Stacheln, von denen das letzte Paar an der Spitze steht; der innere derselben ist sehr schwach, der äussere stark, aufwärts gebogen, kaum beweglich eingelenkt; er leitet dadurch zu den « Dornen » hinüber, die die o' mancher Arten hier haben und nichts anders als stark entwickelte, unbewegliche Stacheln sind.

Hinterleib schmächtig; die oberen Spinnwarzen halb so lang, aufwärts gekrümmt, seitlich zusammengedrückt und unvollkommen viergliederig, das zweite Glied am breitesten.

Die Farbe des Cephalothorax und seiner Theile ist lehmgelb, Rand und Augenhügel schwarz; innerhalb der Kopffurchen laufen 2 schwache, in der Nähe der Augen sich nach aussen wendende schwarze Streifen und ausserdem von der Rückengrube strahlenförmig feine schwarze Linien aus.

Die Grundfarbe des Hinterleibes ist dunkelbraunroth, Bauch etwas heller; vorn, bis zur Geschlechtsöffnung blassgelb; über den Rücken mit kleinen hellgelben Flecken, die nach hinten sich zu Querreihen anordnen und an den Seiten etwas dichter sind; Spinnwarzen blassgelb.

32 VERZEICHNISS DER etc. BRASILIANISCHEN ARACHNIDEN.

Der Cephalothorax ist mit angedrückten seidenglänzenden Haaren, der Rand mit abstehenden, schräg nach vorn gerichteten Borsten bekleidet. Basis der Mandibeln ebenfalls mit angedrückten Haaren, Spitze mit abstehenden bekleidet. Die Beine sind ziemlich dicht mit langen Borsten bekleidet, die auf der Unterseite der Schenkel z. Th. reihenweise stehen, und zwar sind bei den Vorderpaaren die Reihen vorne, bei den Hinterpaaren hinten deutlicher. 2 doppelreihig gezähnte Hauptkrallen; das letzte Beinpaar auch mit einer deutlichen Afterkralle; an den übrigen an deren Stelle nur ein stumpfes Höckerchen.

Bestachelung der Beine :

	Femur.	Patella.	Tibia.	Tarsus.
I.	Oben 1 (etwas nach unten gerückt);	. . . . . .	vorn 1,1; hinten 2,2,2;	vorn 1,1; unten 1,1,1 (etwas nach aussen gerückt).
II.	Wie I;	. . . . . .	vorn 1,1; unten 2,2,3;	wie I.
III.	Oben vorn 1,1,1; hinten 1,1,1;	vorn 1, hinten 1,1;	überall zahlreiche Stacheln;	wie Tibia.
IV.	Vorn 1; hinten 1;	hinten 1;	wie III;	wie III.

Schenkelglied der Taster schwach gebogen, unten an der Spitze aussen und innen mit 5-6 langen in eine Reihe angeordneten Borsten; Patella kurz; Tibia doppelt so lang, unten mit 2 Reihen langer Borsten; Endglied kurz, kürzer als die Patella, abgerundet endend; Bulbus kegelförmig mit etwas gebogener Spitze; an der Basis eine halbe Windung des Spermophors deutlich sichtbar, etwas wulstförmig hervorragend.

Maasse : Cephalothorax 5, Hinterleib 5, ganzer Körper mit Mandibeln 11 Mm. lang; Cephalothorax 4, Hinterleib 3 Mm. breit.

Beinpaare.	Femur.	Patella.	Tibia.	Tarsus.	Metatarsus.	Total.
I.	4	2,3	5	3	2	17 Mm.
II.	4	2,2	2,9	2,9	2	15 —
III.	3,3	1,9	2,1	3	2	14 —
IV.	4,3	2,1	5	4,1	2	19 —

Taster (ohne Unterkiefer) 6,2 Mm. lang.
Ein wohlerhaltenes ♂ von Pedra açu.

In der Färbung hat diese Art eine grosse Aehnlichkeit mit *Cyrtauchenius maculatus*, unterscheidet sich von derselben aber durch die Gestalt des Cephalothorax und der Rückengrube, Bewaffnung der Beine und Krallen u. s. w.; dass diese Unterschiede Geschlechtsdifferenzen wären, lässt sich kaum annehmen. Allerdings könnte man bei den Krallen von *C. maculatus* auch sagen, dass sie doppelt gezähnt seien; die Zähne der einen Reihe (5) nehmen den unteren Theil, die (2) der anderen Reihe den oberen Theil der Kralle ein. Auch hier lässt sich die Wahrheit oder Wahrscheinlichkeit nur durch ein grösseres Material entscheiden.

GATT. EURYPELMA C. L. Koch.

Die beiden letzten und grössten Arten gehören in obige [1], von Ausserer in mehrere Untergattungen zerfällte Gattung und wurden mir auch von demselben, dem ich sie unter N°° 376 und 379 zusandte, als *Eurypelma* n. sp. bestimmt, mit der Andeutung jedoch, dass sie vielleicht zu *E. fimbriata* C. L. Koch gehörten, dass aber zur Entscheidung dieser Frage eine Vergleichung mit dem Originalexemplar nöthig sei. Da aber Koch in seiner Beschreibung (*Arachniden*, IX, p. 50) den Vorderleib um fast ½ länger als breit angiebt, bei beiden mir vorliegenden Arten die Länge desselben aber kaum um $\frac{1}{10}$ die Breite übertrifft, auch die sonstigen Merkmale nur unvollkommen zutreffen, so glaubte ich von einer Vergleichung des im Berliner Museum befindlichen Originalexemplars absehen zu können.

Leider gab Ausserer mir die Untergattung nicht an, und da ich kein Material zum Vergleich habe, so weiss ich nicht, ob ich die von Ausserer angegebenen Merkmale richtig aufgefasst habe; ein Vergleich runder Augen mit elliptischen oder ovalen hinsichtlich ihrer Grösse hat immer etwas missliches; doch halte ich mich eher für berechtigt, der einen Art gleich grosse Mittelaugen zuzuschreiben, als vordere, *die wenigstens doppelt so gross sind als die hinteren;* diese Art würde also zur Untergattung *Homoeomma* gehö-

[1] Siehe den Nachtrag.

34 VERZEICHNISS DER etc. BRASILIANISCHEN ARACHNIDEN.

ren, da hier die Hinterschenkel keinerlei ausgezeichnete Behaarung haben. In dem zweiten Exemplar sind allerdings die hinteren Mittelaugen beträchtlich kleiner als die vorderen; aber hier findet sich an den Schenkeln des vierten Paares eine dichte Bekleidung aus kurzen Federhäärchen, die sich allerdings in derselben Beschaffenheit, aber viel weniger dicht, an den Schenkeln und übrigen Gliedern der übrigen Beinpaare vorfinden (Fig. 10a), hier auch z. Th. durch die dichter stehenden langen Haare verdeckt sind. Ob nun diese Federhäärchen gemeint sind, wenn Ausserer von einer « dichten Bürste aus abstehenden Federhaaren » spricht, ist mir etwas zweifelhaft; doch kann ich noch weniger die « Haare an dieser Stelle einfach, lang (und anliegend) » nennen, zumal da ein Vergleich mit dem ersten Exemplar einen bedeutenden Unterschied aufweist (Fig. 11a). Unter denjenigen Eurypelma-Arten, bei denen die Hinterschenkel eine dichte Bürste aus abstehenden Federhaaren besitzen, unterscheidet nun Ausserer 2 Untergattungen wie folgt :

Vordere Mittelaugen nahezu um ihren Durchmesser entfernt; Cephalothorax
so breit als lang . . . . *Lasiodora* C. L. Koch.
Vordere Mittelaugen um ihren Radius entfernt; Cephalothorax länger als breit . . . . *Sericopelma* n. subg.

Vereint treffen nun die beiden Merkmale weder von *Lasiodora*, noch von *Sericopelma* zu : die Mittelaugen sind um ihren Durchmesser von einander entfernt, aber der Cephalothorax ist länger als breit; ich ziehe vor, die Art zu der alten Gattung *Lasiodora* zu stellen, als eine neue Untergattung darauf zu begründen.

9. **LASIODORA BENEDENII** n. sp. (Fig. 10, 10a, b.)

Cephalothorax wenig länger als breit; hinten flach, nach vorn gleichmässig ansteigend und vorn nach den Seiten zu gewölbt. Die Rückengrube zu Beginn des letzten Drittels, tief, breit klaffend und vollständig quer oder nur unmerklich nach hinten offen; Kopf- und Seitenfurchen deutlich. Augenhügel mässig erhoben, schön elliptisch, die kleine Axe etwa um ein

VERZEICHNISS DER etc. BRASILIANISCHEN ARACHNIDEN.

Viertel kleiner als die grosse. Die Seitenaugen bilden ein Rechteck, dessen Basis mehr als doppelt so gross ist als die Höhe. Die vordere Augenreihe (von oben betrachtet) mässig *procurva*, von vorn *deorsum curvata;* eine gemeinsame Tangente an den unteren Rand der Stirnaugen würde die Seitenaugen hinter ihrer Mitte treffen. Die runden Stirnaugen stehen um etwas mehr als ihren Durchmesser von einander und den vorderen Seitenaugen entfernt. Die vorderen Seitenaugen wie alle übrigen länglich; ihr kleinerer Durchmesser kaum kleiner als der der vorderen Mittelaugen; die hinteren Seitenaugen noch etwas mehr in die Länge gezogen, um ihren kleineren Durchmesser von den vorderen und um etwas weniger von den Scheitelaugen entfernt; die letzteren die kleinsten; alle Augen bernsteingelb.

Mandibeln am äusseren und inneren Klauenfalzrande mit langen Zottenhaaren, die am äusseren nur unbedeutend länger und dichter sind als am inneren; am letzteren stehen dicht gedrängt 10 kräftige, aber stumpf endende Zähnchen. Die Klaue mit rechteckiger Gelenkplatte, die etwas länger als breit ist; der Unterrand ist mindestens im mittleren Drittel flach ausgehöhlt, die Ränder der Aushöhlung etwas schneidig (also gewissermaassen eine doppelte Schneide).

Unterkiefer am Innenrande an der Spitze mit vorspringender Ecke, deren Aussenrand sich in eine mit dem Unterrand der Unterkiefer parallel laufende Leiste fortsetzt, so dass dieselben fast ein regelmässiges Rhomboïd darstellen. Die Innenseite ist lang bebartet und am Grunde mit Zahnhöckerchen besetzt, wie auch die Unterlippe, die so lang als am Grunde breit ist.

Sternum unbedeutend länger als breit, vorn ausgerandet, hinten stumpf zugespitzt. Vor den Hüften der 3 ersten Beinpaare schmale, nackte Eindrücke, die an den beiden Vorderpaaren den Seitenrand des Sternums erreichen und nur durch Auseinanderbiegen der Hüften sichtbar werden.

Beine in dem Längenverhältniss 4, 1, 2, 3; Metatarsen, Tarsen der Vorderpaare und des dritten Paares gegen die Spitze hin mit dichter, ungetheilter Scopula. Krallen hinter dichten Haarbüscheln versteckt; mässig stark, gebogen, mit wenigen, ganz kurzen Zähnchen, die etwas an die Aussenseite der Kralle gerückt sind.

Hinterleib (in dem mir vorliegenden, durch Eier aufgetriebenen und am Ende verletzten Exemplar) kaum breiter als der Cephalothorax; die unteren Spinnwarzen kurz, die oberen so lang wie Tarsus I, dreigliederig; das erste Glied das längste und an der Basis in der gewohnten Weise halb gegliedert; das zweite das kürzeste, das dritte in der Mitte auf der Rückseite geringelt. Samentaschen (Fig. 10) kurz gestielt, unregelmässig kugelig aufgetrieben.

Die Grundfarbe des Cephalothorax und seiner Extremitäten ist braunroth, die des Hinterleibes blasslehmgelb; alle Theile, mit Ausnahme der Unterkiefer, sind mit einem dichten Filze von Federhäärchen bekleidet, zwischen denen (mit Ausnahme auf dem Rücken des Cephalothorax) längere, geschwungene, abstehende Haare von ziegel- oder blassrother Farbe eingestreut sind; die letzteren stehen am Vorderrande des Cephalothorax, an den Mandibeln und Beinen besonders dicht, namentlich von den Schienen an abwärts. Das Sternum (mit Ausnahme des schmalen Vorderrandes und der früher erwähnten Eindrücke) und die Unterseite der Hüften sind besonders dicht mit dem sammetartigen Filz bedeckt; über die Patellen und Tibien laufen die 2 gewöhnlichen Haarblössen.

An dem vorliegenden Exemplar, einem dick mit Eiern gefüllten Weibchen, ist der Hinterleib hinten stark verletzt; die Sammthaare sind in der zweiten Hälfte des Rückens vollständig abgerieben oder ausgefallen; die hier stehenden Haare sind (abgesehen von den langen Borsten) zweierlei Art: die einen ähneln den in Figur 8*b* von *Crypsidromus* abgebildeten; die anderen (Fig. 10*b*) sind länger, am Grunde weithin nackt und mehrere Male wellenförmig gebogen; im übrigen Theile mit äusserst kurzen, dicht stehenden Fiederchen besetzt.

Die Beine sind nicht sehr stark bestachelt. Das erste Beinpaar hat unten am Ende der Tibia 2, der Tarsus 1 Stachel; das zweite an der Vorderseite der Tibia 1,1, unten am Ende 2, der Tarsus 2 Stacheln; das dritte und vierte Paar sind an Tibia und Tarsus stärker bestachelt; auf der rechten Seite hat auch Femur IV oben gegen die Spitze hin (etwas nach hinten gerückt) einen Stachel, von dem auf der linken Seite keine Spur zu sehen ist.

Maasse : Cephalothorax 23, Hinterleib 26, der ganze Körper (mit Mandibeln) 62 Mm. lang, 21 Mm. breit.

Beinpaare.	Femur.	Patella.	Tibia.	Tarsus.	Metatarsus.	Total.
I.	18	10,5	13,6	12	7,5	78 Mm.
II.	16	9	12	11,8	7,5	69 —
III.	15,5	8,5	11,5	12,5	7	67 —
IV.	17,5	9,2	14	18,5	8	82 —

Die Taster sind 51, die oberen Spinnwarzen 12 Mm. lang.

Ein, wahrscheinlich beim Fang, am Hinterleibe verletztes Weibchen von Chapeo d'Uvas.

Ich widme diese Art dem glücklichen Sammler und berühmten Anatomen Eduard Van Beneden.

10. **HOMOEOMMA FAMILIARIS** n. sp. (Fig. 11.)

Cephalothorax unbedeutend länger als zwischen den Hüften des zweiten Beinpaares breit, am hinteren Theile schön kreisförmig gerundet, am Hinterrande stark ausgerandet. Rückengrube tief, einen schmalen, queren Spalt darstellend, der nur an den Seitenecken unbedeutend nach vorn gebogen ist; *im* letzten Drittel liegend, so dass seine Entfernung vom *hinteren Rande des Augenhügels* ungefähr doppelt so viel beträgt wie die vom hinteren Rande des Cephalothorax. Kopf- und 3 Seitenfurchen deutlich. Augenhügel hoch, von regelmässigem, sich von der Kreisform nur wenig entferneudem elliptischem Umriss; die Seitenaugen ein Rechteck bildend, dessen Grundlinie mehr als das Doppelte der Höhe beträgt. Die vordere Augenreihe stark *procurva* und *deorsum curvata;* die Stirnaugen rund, um etwas mehr als ihren Durchmesser von einander und den Seitenaugen entfernt; die hintere Augenreihe fast gerade, schwach *recurva.* Der kleinere Durchmesser der vorderen Seitenaugen so gross wie der Durchmesser der Stirnaugen; von den hinteren Seitenaugen um den kleineren Durchmesser der letzteren entfernt; die Scheitelaugen etwa um ihren halben kleinen Durchmesser von den Seitenaugen und um mehr von den Stirnaugen entfernt, fast grösser als diese.

Die Stirnaugen und hinteren Seitenaugen von grünlich gelber, die übrigen von glänzend bernsteingelber Farbe.

Mandibeln kräftig; innerer Falzrand mit einer sehr lockeren Haarbürste und einer Reihe von 11-12 (wohl auf mechanischem Wege) abgestutzter Zähnchen; äusserer Falzrand mit dichteren Haarfransen. Klaue an der Unterseite nicht flach oder ausgehöhlt, sondern am Innenrande mit stark vorspringender, scharfer Schneide.

Unterkiefer innen an der Spitze mit vorspringender Ecke; die von derselben ausgehende Leiste verschwindet aber sehr bald. Unterlippe schräg nach unten gerichtet; vorn abgeschnitten und wie der untere Theil der Unterkiefer mit Zahnhöckerchen besetzt. *Sternum etwas breiter als lang;* vorn ausgerandet, hinten ganz stumpf zugespitzt, vor den Hüften des zweiten und dritten Beinpaares mit nackten Eindrücken.

Beine in dem Längenverhältniss 4, 1, 2 = 3; Metatarsen (und Tarsen der beiden Vorderpaare) mit am Ende breit herzförmiger Scopula, die an den Hinterpaaren beträchtlich schwächer ist; die Krallen sind hinter dichten Haarbüscheln versteckt, nur am Grunde mit einigen kleinen Zähnchen.

Hinterleib (nach dem Eierlegen zusammengeschrumpft?) schmäler als der Cephalothorax; die unteren Spinnwarzen sehr kurz, die oberen so lang wie das vorletzte Tasterglied, dreigliederig mit unvollständig gegliedertem erstem Glied. Samentaschen fingerhutförmig (Fig. 11).

Die Grundfarbe des ganzen Vorderleibes ist ein dunkeles Rothbraun, des Hinterleibes gelb. Der ganze Körper ist mit angedrückten einfachen Haaren von dunkelbrauner Farbe bekleidet (Fig. 11a), zwischen denen stärkere abstehende, auf der Oberseite blassroth, auf der Unterseite mehr gelb gefärbte Haare eingestreut sind. Auf dem Rücken sind die angedrückten Haare etwas länger, und ausserdem stehen hier sägezähnige (Fig. 11b), die eine Modification der in Figur 8b dargestellten sind. Am Rücken des Hinterleibes sind die Haare zum grössten Theile ausgefallen; über die Patellen und Schienen der Beine laufen die gebogenen Haarblössen.

Die Schenkel der beiden Vorderpaare haben an der Spitze 1, die der Hinterpaare 2-3 dicht bei einander stehende Stacheln; Schienen und Tarsen reich bestachelt.

VERZEICHNISS DER etc. BRASILIANISCHEN ARACHNIDEN. 39

Maasse: Cephalothorax und Hinterleib je 21 Mm., der ganze Körper (mit den Mandibeln) 52 Mm. lang; Cephalothorax 19,5, Hinterleib (nach dem Eierlegen) 15 Mm. breit.

	Beinpaare.	Femor.	Patella.	Tibia.	Tarsen.	Metatarsus.	Total.
I.		16	9	12,5	10	5,5	64 Mm.
II.		14	8,6	10,6	10,6	5,5	60 —
III.		13	8	10	14	5,8	60 —
IV.		16	8,1	12,4	19,5	6,2	72,5 —

Taster (ohne Unterkiefer) 37, obere Spinnwarzen 8,2 Mm. lang. In demselben Glase befanden sich 7 junge Exemplare einer grossen Territelarie, die ich als die Jungen dieser Art ansehe. Die Grösse derselben ist 7,5 Mm., von denen 3,8 auf den Cephalothorax kommen; die Länge der Beine ist I. = 14; II. = 12,5; III. = 12,5; IV. = 17 Mm. Die ganze Farbe ist hellgelb, der Augenhügel schwarz; Ende der Metatarsen und die Krallen gebräunt. Der ganze Leib ist lang zottig behaart; die Krallen bereits hinter Haarbüscheln versteckt, eine Scopula aber kaum angedeutet. Auf dem Rücken des Hinterleibes ist eine eiförmige Stelle, fast die Hälfte einnehmend, wo bereits die Sägeborsten (Fig. 11*b*) entwickelt sind; dieselben sind kurz, stark gekrümmt und wie die längeren Haare (Fig. 11*a*) braun, fast schwarz gefärbt, wodurch auf dem gelben Rücken ebenfalls eine schwarze Zeichnung von verschiedener Form erscheint, je nachdem die erwähnten Borsten bereits mehr oder weniger entwickelt sind. Ein wesentlicher Unterschied besteht in der Grösse der Stirnaugen, die die Scheitelaugen an Grösse übertreffen.

Eine Mutter mit ihren Jungen von Tijuca.

(Von den vorliegenden Arten haben 3, *Crypsidromus fallax* und die beiden zuletzt beschriebenen, eine eigenthümliche, leicht ausfallende Behaarung auf dem Hinterleibsrücken. Diese sägezähnigen Haare stehen mit ihrer *feinen Spitze in dünnen, oft etwas gebogenen, über die Rückenfläche hervorragenden Röhrchen.* Manchmal scheinen dieselben auch spontan (vielleicht vor der Häutung oder in Folge einer Krankheit) auszufallen. Wenigstens sah ich bei Herrn Dr. Hagen in Crefeld ein mit brasilianischem Farbholz nach Deutschland gekommenes Exemplar einer grossen Territelarie, bei dem die hintere Rückenhälfte fast vollkommen kahl war; Dr. Hagen versicherte mich, dass diese Kahlheit erst vor Kurzem, ohne äussere Veranlassung eingetreten sei. Es wäre zu wünschen, dass der sehr sorgfältige Beobachter die Resultate seiner über 1½ Jahre fortgesetzten Beobachtungen über die Lebensweise dieser Art, von der er mir interessante Züge mündlich mittheilte, veröffentlichen wollte.)

Unterordn. TRISTICTA.

Fam. ATTIDAE.

Gattung PHILIA C. L. Koch.

11. **P. GRATIOSA** C. L. Koch; *Arachn.*, XIII, p. 195; Tab. CCCCLXXIII, Fig. 1240.

Ich zweifele nicht, dass das einzige von Rio stammende Exemplar zu dieser von Koch aufgestellten Art gehört, obwohl die Einfassung des schwarzen Rückenfeldes nicht rothgelb, sondern weissgelb, fast weiss, und die Gestalt des Rückenfeldes selbst etwas anders ist, als Koch abbildet. Dasselbe ist nemlich hinten nicht einfach abgestutzt, sondern in der Mitte in einen kurzen Zipfel ausgezogen, dessen Ende wieder ausgerandet erscheint. In meinem Exemplar sind auch die Tarsen (mit Ausnahme der schwarzen Spitze) des dritten Beinpaares rothgelb durchscheinend. In der Koch'schen Diagnose ist diese Färbung auf den Metatarsus (nach meiner Bezeichnung, Tarsenglied Koch's) beschränkt und heisst es durch einen Druckfehler : « des zweiten » (statt « des dritten ») Beinpaares. In der Beschreibung ist ausserdem die gelbe Farbe den *Schienen* der Vorderpaare statt den Metatarsen zugeschrieben.

Ein reifes ♀ von Rio.

Gatt. EUOPHRYS C. L. Koch.

12. E. LUNATUS n. sp.

Cephalothorax braun, zwischen den Augen schwarz; dahinter und seitwärts um die Augen herumziehend bis zu den Stirnaugen ein hellerer Streif, der beim ♀ mit greisgelben, beim ♂ hinten mit weissen, an den Seiten mit orangefarbenen Haaren bekleidet ist; Augenfeld fuchsroth beschuppt; die sonstige Bekleidung des Cephalothorax, soweit sie sich an den theilweise abgeriebenen Exemplaren erkennen lässt, scheint aus dunkelen Schuppen bestanden zu haben, denen abstehende schwarze Borsten eingestreut sind. Mandibeln und Beine des ♀ rothgelb durchscheinend, die Taster etwas heller, letztere dicht gelb-, Beine dunkeler behaart. Beim ♂ sind die Beine olivenfarben; Schenkel dunkel, Metatarsen heller. Die Taster des ♂ dünn und lang, das zweite Glied so lang wie das dritte und vierte. Die Grundfarbe ist dieselbe wie die der Beine, aber das Ende des zweiten, das dritte und vierte Glied oben lang zottig weiss behaart; diese Behaarung wird am vierten Gliede nach der Spitze hin schmäler und ist an der Innenseite von, in gerader Linie stehenden, schwarzen Haaren eingefasst. Endglied so lang wie das dritte, etwas kürzer als das vierte, stark gewölbt, von oben betrachtet lang eiförmig, auf der Unterseite bis zum letzten Drittel ausgehöhlt und den Bulbus enthaltend, am Innenrande lang zottig schwarz behaart, auch der übrige Theil behaart, aber schwächer. Bulbus einfach, mässig aus der Decke hervorragend, am vorderen Ende mit einem kleinen Zähnchen (Ende des Spermophors, — Eindringer).

Die Patellen und Schienen der beiden Vorderpaare (namentlich beim ♀) verdickt, Tarsen und Metatarsen dünn; Schienen und Tarsen bestachelt. Hinterleib länglich eiförmig, hinten zugespitzt (namentlich beim ♂). Eine durch Schuppen hervorgebrachte Färbung lässt sich an den abgeriebenen ♀ nicht mehr erkennen; die Grundfarbe ist hell olivenfarben mit blassen Punkten; Bauch ganz blassgelb; über den Rücken läuft ein helleres Längsband mit abwechselnden hellen und dunkelen Bogenstrichen. Die Schuppen scheinen theils rothgelb, theils grau und dazwischen schwarze Borsten eingestreut gewesen zu sein. Beim ♂ ist die Beschuppung des Rückens rothgelb, seitlich einige schwarze dazwischen; vorn ein aus weissen Schuppen gebildeter Mondfleck, nicht bis zur Mitte reichend; hinter der Mitte 2 weisse runde Flecke, denen sich bisweilen 2 kleinere vor den Spinnwarzen anschliessen. Beim ♂ findet sich ober der Geschlechtsöffnung eine stärker verhornte, glänzende gewölbte Platte; die Epigyne des ♀ eine quer ovale Grube, seitlich und hinten von einer wenig vorragenden Leiste eingefasst.

Spinnwarzen mässig lang; die unteren etwas länger und dicker als die oberen, an der Basis dunkel, nach der Spitze hin, namentlich oben, heller.

Cephalothorax 3, Hinterleib 3 (♂) resp. 5 (♀) Mm., der ganze Körper 6, resp. 8 Mm. lang.

Das erste Beinpaar 9 (7,5), zweite 8,3 (7), dritte 8 (8,5), vierte 8,2 (8), Taster 3,3 (3,1) Mm. lang.

3 ♂, 2 ♀ von Rio.

Von einer dritten Attidenart liegt ein unentwickeltes ♂ vor, das in seinen wesentlichen Merkmalen mit der Beschreibung, die Blackwall von seinem *Salticus radians* giebt, übereinstimmt. Da das Exemplar noch nicht reif ist, so lässt sich die Gattung, zu der es gehört, nicht mit Sicherheit feststellen; durch den spitzig dreieckigen Hinterleib hat es habituell einige Aehnlichkeit mit der Koch'schen (allerdings meines Wissens nicht definierten) Gattung *Phidippus*. Ich gebe hier eine Beschreibung von demselben, da Blackwall nur ein unentwickeltes ♀ hatte.

13. (SALTICUS) RADIANS Blackwall; *Ann. a. Mag. Nat. Hist.* (3) X, p. 332.

Cephalothorax etwas länger als breit, vom Hinterrande unter einem Winkel von 45° ansteigend; Kopftheil mässig abschüssig, Stirn zurückweichend. Die hintersten Augen etwas weniger vom Seitenrand des Cephalothorax als von einander entfernt, an der Innenseite derselben die Kopfplatte etwas wulstförmig erhoben, letztere in der Mitte zwischen, oder vielmehr etwas hinter ihnen mit einem quer-ovalen, vorn schärfer begrenzten, hinten sich allmählich verflachenden Eindruck. Die Stirnaugen mehr als die halbe

Breite des Cephalothorax einnehmend, einander fast berührend, von oben gesehen über den Stirnrand hervorragend. Die vorderen Seitenaugen weit kleiner, ein wenig mehr von den Stirnaugen, als diese von einander entfernt; höher stehend, und zwar so, dass eine gemeinsame obere Tangente der Stirnaugen oberhalb des Mittelpunktes der Seitenaugen durchgehen würde. Die Augen der zweiten Reihe etwas näher bei einander als die ersten Seitenaugen, letzteren etwas mehr als den Augen der dritten Reihe genähert, sehr klein. Die Augen der dritten Reihe sind unbedeutend weiter von einander entfernt und kleiner als die vorderen Seitenaugen. Die Farbe des Cephalothorax ist hinten und an den Seiten dunkel, fast schwarz, die Kopfplatte gelbbraun, mit langen Haaren besetzt, Stirnrand weiss behaart. An den Seiten stehen weisse Schuppen, die nach oben hin lockerer werden und zwischen den Augen durch perlmutterglänzende ersetzt sind; die Stirnaugen von einem weissen Ring eingefasst.

Die Mandibeln sind kurz, aber stark; vorn gewölbt, an der Innenseite stark divergirend, nur hier, namentlich nach der Spitze hin, mit langen Haaren bekleidet, sonst nackt; stark lederartig quer gerunzelt, mit einem prächtigen metallischen, violetpurpurnen Schimmer; am oberen Klauenfalzrande 2 kleine Zähnchen; Klaue kräftig, dunkelroth durchscheinend.

Innenrand der Unterkiefer gebogen, am Ende breit beilförmig abgerundet; Unterlippe etwas mehr als halb so lang als die Unterkiefer; Sternum regelmässig eiförmig, schwach gewölbt.

Beine in dem Längenverhältniss 1, 4, 3, 2; die Schienen des ersten Paares verdickt und unten mit schwarzen Haaren; sonst sind die Beine (wie auch die Taster) mit weissen Haaren und Schuppen bekleidet; Schienen und Tarsen der Vorderpaare unterseits bestachelt. Die Krallen zwischen langen, schmalen Haarbüscheln stehend.

Der Hinterleib vorn gerade abgestutzt, etwas über den Cephalothorax gewölbt, nach hinten regelmässig verschmälert, spitz. Spinnwarzen vorragend; die unteren abgestutzt kegelförmig, etwas dicker, aber kürzer als die cylindrischen oberen. Die Grundfarbe des Hinterleibes lässt sich nicht angeben; Luft, die zwischen der Haut und dem Inhalt ist, lässt die Haut grauweiss, mit einem silberigen Glanz, erscheinen. Rücken- und Bauchfläche sind gewölbt; die Seiten eingeschrumpft, so dass es wahrscheinlich ist, dass beim entwickelten ♂ die Rücken- und Bauchplatte hornig sind. Bekleidet ist der Hinterleib mit spärlichen, abstehenden Borsten und schwach perlmutterglänzenden Schüppchen, die zum grössten Theil abgerieben sind. (Auf dem Rücken scheinen je 3 kleine Punkte, in parallele Längslinien angeordnet, aus *weissen* Schuppen gebildet zu sein und je 3 grössere an den Seiten; auch am Vorderrand sind noch einige weisse Schuppen sichtbar. Der Bauch lässt 4 undeutliche von weissen Schuppenhäärchen gebildete Längslinien erkennen.)

Der Cephalothorax ist 3,2, der Hinterleib 5,3, der ganze Körper 8,4 Mm. lang; Cephalothorax 3, Hinterleib 3,3 Mm. breit; erstes Beinpaar 8,5, zweites 6, drittes 7, viertes 8, Taster 3,1 Mm. lang.

Ein unentwickeltes ♂ von Thérésopolis oder São João del Ré.

Fam. SPARASSIDAE.

Aus dieser Familie liegen 2 Arten vor; die eine (14) gehört zur Gattung *Heteropoda* und zwar in die Walckenaer'sche Gruppe *Nervosae;* ob sie mit der einzigen von Walckenaer aus dieser Gruppe beschriebenen Art *Olios columbianus* identisch ist, kann ich nicht sagen, da sämmtliche 4 Exemplare unentwickelte ♀ sind; sie stammen von Rio. Die andere Art (15) liegt nur in einem ganz jungen (5 Mm. langen) Exemplar von Copa Cobana vor und gestattet ebenfalls keine sichere Bestimmung oder Beschreibung.

Fam. ANYPHAENIDAE.

Gatt. ANYPHAENA Sundev.

16. **A. TRIVITTATA** n. sp. (Fig. 12.)

Cephalothorax wenig länger als breit, nach vorn wenig verschmälert, gerade abgestutzt; vom Hinterrande fast senkrecht in die Höhe steigend, Rücken überall von gleicher Höhe, Scheitel ein wenig geneigt, Stirn senkrecht, Mittelritze kurz, vor der hinteren Abdachung endend; Kopf- und Seitenfurchen fehlen. Die vordere Augenreihe (von vorn betrachtet) gerade; die Stirnaugen von einander fast um ihren Durchmesser, und von dem Stirnrande um das Doppelte entfernt, die fast doppelt so grossen Seitenaugen beinahe berührend. Die hintere Augenreihe (von oben betrachtet) *procurva*, von der vorderen weit entfernt; die Scheitelaugen etwas grösser und von einander etwas weiter als von den Seitenaugen entfernt; die Scheitelaugen mit den vorderen Seitenaugen fast ein Quadrat bildend, etwas kleiner als die letzteren.

Mandibeln cylindrisch, nicht sehr kräftig; die Klauenfalzränder mit einigen kleinen Zähnchen. Unterkiefer mit parallelen Seitenrändern, ohne Quereindruck, vorn nach innen schräg abgestutzt; Unterlippe ebenfalls rechteckig, länger als breit, etwa halb so lang als die Unterkiefer.

Sternum lang elliptisch, flach gewölbt; Beine in dem Verhältniss 4, 1, 2, 3.

Hinterleib länglich walzenförmig, vorn abgestutzt, hinten stumpf zugespitzt; auf der Unterseite, zu Beginn des letzten Drittels die Stigmenspalte. Spinnwarzen kurz, die oberen etwas dünner und länger als die unteren.

Die Grundfarbe des ganzen Körpers ist blassgelb, Kopf und Mandibeln verdunkelt; Beine, namentlich Schenkel, mit kleinen, rothbraunen Flecken bestreut. Mitten über den Cephalothorax und Hinterleib läuft ein braunrothes Längsband; die Seiten des Cephalothorax und Sternum sind ebenfalls von 2 solchen Bändern eingefasst, die den Rand des Cephalothorax frei lassen und nach dem Rücken hin wellenförmig begrenzt sind. Mitten über den Bauch läuft ebenfalls ein solches Band und 2 schmälere zu dessen Seiten.

Die Behaarung ist an den hellen Stellen fast rein weiss, seidenglänzend; auf dem dunkeln Längsband des Cephalothorax und Hinterleibes dunkel ockergelb.

Die Bestachelung der Beine ist z. Th. verloren gegangen; doch scheinen die Oberschenkel oben 1,1,1, vorn 1, die Tibien unten 2,2,2, Tarsus unten 2 Stacheln gehabt zu haben; Schienen und Tarsen der Hinterbeine sind stärker bestachelt; an den Metatarsen sämmtlicher Beine findet sich eine schwache Scopula. Das zweite Tastergelied hat oben 1, am Ende 3, das dritte 2, das vierte und fünfte zahlreiche Stacheln und einige lange Borsten.

46 VERZEICHNISS DER etc. BRASILIANISCHEN ARACHNIDEN.

Maasse : Cephalothorax 3, Hinterleib 4, der ganze Körper 6,5 Mm. lang; Cephalothorax 2,7, Hinterleib 2,2 Mm. breit. Erstes Beinpaar 8, zweites 7,8, drittes 7, viertes 9,5 Mm. lang.

Ein entwickeltes und wohl erhaltenes Weibchen von Pedra açu. L. Koch giebt in der Gattungsdiagnose (*Drassiden*, p. 194) an : das erste Beinpaar so lang oder länger als das vierte. Indessen machte bereits Keyserling (*Verh. Zool.-Bot. Ges. Wien*, XXVI, p. 603) 2 Arten, *A. maculatipes* und *oblonga*, bekannt, bei denen, wie bei der vorliegenden, das vierte Beinpaar länger ist als das erste. Unsere Art stimmt mit *A. maculatipes* Keys. in manchen Punkten überein, ist aber durch Augenstellung, Körperzeichnung und Bildung der Epigyne (Fig. 12) deutlich unterschieden.

Fam. DRASSIDAE.

Gatt. CHIRACANTHIUM C. L. Koch.

17. **C. SUBFLAVUM** (Blackwall). (Fig. 13.)

Syn. **Clubiona subflava;** Blackwall, *Ann. a. Mag. Nat. Hist.* (3) X, p. 426.

Obwohl an dem einzigen mir vorliegenden Exemplar die Vorderbeine ausgerissen sind und daher die verhältnissmässige Länge des ersten und vierten Beinpaares nicht mehr ermittelt werden kann, so ist es mir doch unzweifelhaft, dass die Art zur Gattung *Chiracanthium* gehört, und da alle erkennbaren Merkmale mit *Clubiona subflava* Blackw. übereinstimmen, so stehe ich nicht an, sie für diese Art zu erklären, die ein *Chiracanthium* ist, da Blackwall das erste Beinpaar als das längste angiebt. Ich vervollständige Blackwall's Beschreibung, so weit es nach dem etwas verstümmelten Exemplar möglich ist.

Cephalothorax (3,8 Mm.) so lang als Patella + Tibia des vierten Beinpaares, in den Seiten schwach gerundet, nach vorn wenig verschmälert, am Vorderrande gerade abgestutzt; vom Hinterrande schräg ansteigend, über den Rücken etwas gewölbt, nach den Seiten, namentlich vorn, steil, fas senkrecht abfallend, hinten mit einem Eindruck (doch keine Mittelritze); glatt, glänzend, mit anliegenden und einzelnen abstehenden Haaren bedeckt.

Die vordere Augenreihe gerade; die Stirnaugen nicht um ihren Halbmesser vom Stirnrande entfernt, etwas grösser und weniger weit von einander als von den kleineren Seitenaugen entfernt; die hintere Augenreihe (von oben betrachtet) ebenfalls gerade, die Augen gleich weit von einander entfernt, die Scheitelaugen grösser als die Seitenaugen, aber kleiner als die Stirnaugen.

Mandibeln so lang als die Tibia II, aussen gerade, innen nach der Spitze hin verschmälert, oberer Falzrand mit 2 Zähnchen, von denen das erste das stärkste ist, unterer mit 3 gleich starken Zähnchen. Neben dem unteren Falzrand ist ein Längseindruck, ausserhalb des letzteren Querfurchen. Die Unterkiefer sind vorn gerundet erweitert; die Unterlippe ungefähr halb so lang wie die Unterkiefer, etwas länger als breit, vorn abgestutzt.

Das Sternum ist herzförmig; die Epigyne abgerundet rechteckig, in Gestalt einer vertieften Grube (Fig. 13).

Das Beinpaar II ist 9, III 6,4, IV 9,6 Mm. lang.

II hat am Schenkel vorn an der Spitze 1, Tarsus unten (an der Basis) 2; III am Schenkel vorn und hinten je 1 (an der Spitze), Tibia vorn und hinten je 1, Tarsus vorn 1,1, hinten 1,1, unten (am Grunde) 2; IV Schenkel hinten 1, Tibia hinten 1, Tarsus vorn und hinten je 1, unten 2,2 Stacheln.

Ein Weibchen von Copa Cobana; das von Blackwall beschriebene Exemplar, ebenfalls ein Weibchen, stammte von Rio de Janeiro; L. Koch vermuthete in *C. subflava* (nicht *subflora*) Blackw. eine *Anyphaena; Drassiden*, p. 224.

GATT. LIOCRANUM L. Koch.

18. L. HAEMORRHOUM n. sp.

Cephalothorax etwas kürzer als Patella + Tibia IV, eiförmig, in den Seiten gerundet, nach vorn verschmälert, vorn gerundet abgestutzt; von hinten schräg ansteigend, über den Rücken schwach gewölbt; Stirn unterhalb der Augen etwas zurückweichend; Mittelritze in der hinteren Hälfte, mässig lang aber tief, hinter derselben noch ein länglicher Eindruck; Kopfund 2 Seitenfurchen ziemlich deutlich. Die Farbe ist gelbbraun, in der Nachbarschaft der Augen und die Furchen verdunkelt.

Die vordere Augenreihe ist durch das Tieferstehen der Seitenaugen leicht gebogen, die Stirnaugen grösser und weiter als die Seitenaugen, ungefähr um ihren Durchmesser von dem Stirnrande und etwas weiter von den Scheitelaugen entfernt. Die hintere Augenreihe leicht *procurva*, über die vordere gebogen; die Scheitelaugen so weit von einander wie die Stirnaugen und etwas weiter von den Seitenaugen entfernt; die Stirnaugen die grössten, dann kommen die vorderen Seitenaugen und dann die Scheitelaugen; alle Augen mit Ausnahme der hinteren Seitenaugen rund. Augenfeld verdunkelt; von der hinteren Augenreihe laufen regelmässige schwarze Streifen nach aussen und hinten; vor den Scheitelaugen ein leicht gebogener Quereindruck.

Mandibeln kräftig, an der Basis stark knieartig hervorgewölbt, schräg vorgestreckt; gelbbraun, locker mit abstehenden gebogenen Haaren bekleidet. Oberer Falzrand mit 2 Zähnchen, von denen das zweite sehr klein ist; unterer mit 4 gleich grossen in gerader Linie stehenden, von denen das letzte dem ersten des oberen gerade gegenübersteht. Kralle kurz, aber kräftig.

Unterkiefer mit gebogenem Innen- und Aussenrande, an der Spitze sehr schräg abgestutzt; Unterlippe halb so lang wie die Unterkiefer, etwas breiter als lang, vorn gerade abgeschnitten, mit gebogenen Seitenrändern.

Sternum breit herz-, fast kreisförmig, an den Hüften mit Eindrücken, glänzend, mit abstehenden Haaren, am Rande etwas dichter, bekleidet.

Beine in dem Verhältniss 4, 1, 2, 3; die Tibien I und II unterseits mit 5 Paaren langer Stacheln; Metatarsen I und II mit einer äusserst schwachen Scopula. Die Farbe der Beine ist rauchbraun, die Unterseite der Tibia und des Tarsus verdunkelt; der Metatarsus hellgelb.

Hinterleib walzen- oder langeiförmig; Spinnwarzen kurz, die unteren etwas dicker als die oberen; gelb gefärbt. Die Grundfarbe des Hinterleibes ist dunkelbraunroth, Bauch etwas heller; die abstehende Behaarung gelblich. (Ob durch dieselbe etwa auf dem Rücken eine Zeichnung hervorgebracht wird, lässt sich nach dem abgeriebenen Exemplar nicht mehr entscheiden.)

Der Femur I hat vorn 1, II oben 1,1, III vorn 1,1 (sehr kleine), oben 1,1, IV oben 1 Stachel. Die Tibien I und II unterseits mit 2,2,2,2,2; Tarsen 2,2 Stacheln; die Bestachelung der Hinterbeine ist nicht sehr charakteristisch und auf beiden Seiten eine andere. Die Krallen sind theils breit lamellös, theils (an den Vorderbeinen) doppelreihig gezähnt und stehen hinter Haarbüscheln.

Das zweite Tasterglied ist gebogen, auf der Unterseite mit 3 abstehenden längeren Borsten, oben an der Spitze mit einem kleinen Stachel; das dritte Glied an der Spitze ebenfalls mit einem Stachel; viertes Glied etwa $1\frac{1}{2}$ mal so lang als das dritte, innen mit 3, oben mit 1 Stachel, fünftes etwas länger als drittes, wenig kürzer als die Mandibeln, innen an der Basis mit einem Stachel.

Maasse: Cephalothorax 3,5, Hinterleib 4,4, ganzer Körper (excl. Mandibeln) 8 Mm. lang; Cephalothorax 3,2, Hinterleib 3 Mm. breit; Beinpaar I = 12,5; II = 11,8; III = 10; IV = 13,5 Mm.

Ein unentwickeltes Weibchen von Thérésopolis oder São João del Ré; rechts fehlen demselben der Taster und die Vorderbeine, links das vierte Bein.

(*Anm.* Es wäre nicht unmöglich, dass diese Art in die folgende Gattung gehörte, indem sich die « Rieselung » des Cephalothorax erst mit der Geschlechtsreife ausbildete.)

Gatt. HYPSINOTUS L. Koch.

Aus dieser Gattung, die zur Zeit, als Koch sie in seiner *Monographie der Drassiden* aufstellte, nur in Arten aus Mexico und Neu-Granada bekannt war, liegen 3 (oder 5) Arten von Rio vor [1], von denen die eine der von Koch aufgestellte

---
[1] Siehe den Nachtrag.

50 VERZEICHNISS DER etc. BRASILIANISCHEN ARACHNIDEN.

19. **H. CHALYBEUS** L. Koch; *Drassiden*, p. 280

ist. Das mir vorliegende Exemplar, ein ♀, stimmt vollkommen mit Koch's Beschreibung überein; hinzufügen will ich, dass der obere Klauenfalzrand 3 Zähnchen trägt, von denen das mittlere das stärkste ist; der untere Falzrand ist mit 5 gleich starken Zähnchen bewaffnet.

Ein ♀ von Rio; Koch's Exemplar stammte aus Neu-Granada.

Die anderen Arten scheinen mir neu zu sein.

20. **H. CRUENTUS** n. sp. (Fig. 14.)

Cephalothorax beträchtlich kürzer als Patella + Tibia IV, in den Seiten schwach gerundet, vorn verschmälert, hier mit fast parallelen Seitenrändern, am Kopfrande abgestutzt. Vom Hinterrande bis zur Mittelritze schräg ansteigend, vor dieser zu den Augen hin noch etwas gewölbt; am Seitenrande eine feine Kante; Kopf- und Seitenfurchen sehr deutlich. Die vordere Augenreihe stark gebogen (*procurva*), die Stirnaugen doppelt so gross als die Seitenaugen, fast um ihren Durchmesser von einander und um das doppelte von dem Stirnrande entfernt; von den Seitenaugen etwa um deren grösseren Durchmesser entfernt. Auch die hintere Augenreihe *procurva*; die Scheitelaugen etwas kleiner als die Stirnaugen, doch grösser als die Seitenaugen, unbedeutend näher bei einander als bei diesen. Scheitel- und Stirnaugen sind rund, die Seitenaugen länglich, auf einer gemeinsamen Erhebung sitzend, doch ohne einander zu berühren.

Mandibeln etwas kürzer als Metatarsus I, schräg vorgestreckt, an der Basis mässig hervorgewölbt, innen von der Mitte an divergirend, mit fast geraden, parallelen Seitenrändern; oberer Klauenfalzrand mit 3 Zähnchen, von denen das mittlere das stärkste ist, unterer mit 5 Zähnchen.

Unterkiefer mit gebogenem Innen- und Aussenrand, vorn sehr schwach ausgeschnitten; Unterlippe breiter als lang, vorn gerade abgestutzt, nicht halb so lang als die Unterkiefer. Sternum fast kreisförmig, gewölbt, mit Eindrücken an den Hüften.

VERZEICHNISS DER etc. BRASILIANISCHEN ARACHNIDEN. 51

Cephalothorax mit seinen Theilen gelblich, dunkel marmorirt (das Exemplar ist frisch gehäutet und die Färbung dadurch wahrscheinlich noch zu blass). Cephalothoraxrand, Vorderseite der Mandibeln, Unterkiefer, Unterlippe und Sternum mit abstehenden Haaren bekleidet. Hinterleib fast walzenförmig, vorn abgestutzt, hinten gerundet zugespitzt, schmäler als der Cephalothorax; Spinnwarzen kurz, die oberen und unteren gleich lang, die letzteren aber beträchtlich dicker.

Die Farbe ist dunkelrothbraun; Bauch vorn bis zu den Stigmen und Spinnwarzen hellgelb; über den Rücken läuft ein schmales, in seiner Mitte eckig erweitertes helles Längsband bis zur Mitte, welchem sich 4 Winkelflecke anschliessen, die nach hinten zu stumpfer werden.

Das zweite Glied der männlichen Taster ist etwas gebogen, vorn verbreitert, das dritte überall gleich breit und etwa $1\frac{1}{4}$ mal so lang als breit; das vierte aus schmälerer Basis nach innen und stärker nach aussen verbreitert. Es trägt an seiner Oberseite einen kleinen Fortsatz, dem sich aussen 2 längere, an der Basis verbundene anschliessen; unten ist ebenfalls ein starker Fortsatz, der in eine feine, hakenförmig nach innen und vorn gebogene Spitze ausläuft. Das Endglied ist fast kegelförmig; oben an der Basis mit einem deutlichen Quereindruck, so dass an der Aussenseite ein kleines Höckerchen vorspringt. Bulbus länglich eiförmig, mässig hervorragend, an der Innenseite, ungefähr in der Mitte, eingedrückt, an der Spitze mit 2 stumpfen, wenig hervorragenden Zähnchen. Das Spermophor schimmert undeutlich durch den Bulbus hindurch; der Eindringer (e, Fig. 14a) hinter dem obersten Zähnchen, nach aussen gerichtet.

Bestachelung : Femur I vorn 1,1, oben 1,1; II ebenfalls; III ebenfalls und hinten 1,1; IV vorn 1, oben 1,1, hinten 1; sämmtliche Patellen ohne Stacheln; Tibia I unten 2,2,2, II ebenfalls; die Hinterpaare mit 8 Stacheln, die aber nicht genau paarig stehen.

Maasse : Cephalothorax 4, Hinterleib 4,8 Mm. lang; 3,7, resp. 3 Mm. breit. Beinpaar I = 19,5, II = 19, III = 18 Mm. lang; das vierte Beinpaar scheint das längste gewesen zu sein; beide sind aber an der Basis des Tarsus abgerissen; das Bruchstück ist 10,5 Mm. lang.

Ein frisch gehäutetes und etwas verstümmeltes ♂ von Rio.

21. **H. LORICATUS** n. sp. (Fig. 15.)

Cephalothorax nicht ganz so lang wie Patella + Tibia IV, in den Seiten gerundet, nach vorn verschmälert, am Vorderrande gerundet abgestutzt; vom Hinterrande sanft ansteigend, Rücken nach dem Kopfe zu herabgewölbt, Stirn unter der vorderen Augenreihe zurückweichend. Rand mit feiner aufgeworfener Kante, Mittelritze sehr deutlich, ebenso Kopf- und 2 Seitenfurchen; der vordere Theil mit Knötchen besetzt, die in der Mittellinie und 2 kürzeren daneben liegenden Linien in Reihen angeordnet, im übrigen aber unregelmässig zerstreut sind; an den mir vorliegenden Exemplaren finden sich nur vereinzelte Borsten.

Die vordere Augenreihe durch das Tieferstehen der Seitenaugen schwach gebogen (*procurva*); die Stirnaugen die grössten von allen, weiter von einander als von den Seitenaugen, um ihren Durchmesser vom Kopfrande und den etwas kleineren Scheitelaugen entfernt; diese mit ihnen ein Rechteck bildend, das länger als breit ist. Die Scheitelaugen etwas weiter von den Seitenaugen als von einander entfernt; die Seitenaugen auf einem Hügelchen sitzend, länglich, die Mittelaugen rund.

Mandibeln an der Basis stark knieartig hervorgewölbt, sehr kräftig, nicht ganz so lang wie der Tarsus I, innen abgerundet; sehr stark, fast wabenartig, gerunzelt und an der Vorderseite mit locker stehenden Borsten bekleidet. Oberer Falzrand mit 3 (mittleres das grösste), unterer mit 5 gleich starken Zähnchen; Klaue stark, mässig lang. Unterkiefer länger als breit, aus schmaler Basis verbreitert, mit gebogenem Innen- und Aussenrande, gewölbt, ohne Eindruck, vorn sehr schräg abgestutzt, Unterlippe so lang wie breit, mit gerundeten Seitenrändern, vorn gerade abgestutzt; etwas mehr als halb so lang als die Unterkiefer.

Sternum stumpf herzförmig, flach gewölbt, mit Eindrücken an den Hüften, locker mit abstehenden Haaren bekleidet.

Beine in dem Längenverhältniss 4, 1, 2, 3, Schienen der beiden ersten unten mit 5, Tarsen mit 2 Stachelpaaren; Metatarsus mit Scopula; Krallen schwach, kurzgezähnt.

Hinterleib länglich eiförmig, mit anliegenden Haaren und abstehenden Borsten bekleidet; vorn, ober dem Stiel, ein kleines Hornplättchen, ebenso in den Seiten 2 langelliptische verhornte Eindrücke, ausserhalb der Stigmen. Spinnwarzen kurz, obere und untere gleich lang und gleich dick; Epigyne (Fig. 15) eine etwas gewölbte Platte darstellend, die in der Mitte eine fast regelmässig kreisförmig begrenzte flache Vertiefung trägt.

Cephalothorax mit seinen Theilen hellroth, Kopftheil dunkler; Oberkiefer dunkelbraunroth; Hinterleib rothbraun, Bauch heller; ein junges Exemplar ist heller gefärbt, die Schenkel der Beine fast hellgelb.

Bestachelung etc. der Taster: Zweites Glied gebogen, oben an der Spitze mit 2 Stacheln, unten mit 5-6 in eine Reihe gestellten, abstehenden Borsten; drittes innen mit 1 Stachel; viertes Glied fast doppelt so lang als drittes, innen mit 2, unten (an der Basis) mit 1 Stachel; Endglied so lang wie $3+4$, an der Basis innen mit 2 Stacheln, die Behaarung namentlich nach der Spitze hin dicht bärtig; Kralle schwach und schwach gezähnt.

Maasse: Cephalothorax 6,4, Hinterleib 7,5, ganzer Körper 14 Mm. lang; Cephalothorax 5, Hinterleib (im eingeschrumpften Zustande) 4,8 Mm. breit. Beinpaar I = 21, II = 19,6, III = 17, IV = 21,5 Mm.

2 Weibchen von Pedra açu.

2 Weibchen von Tijuca stimmen in fast allen Punkten genau mit den oben beschriebenen überein; das eine ist geschlechtsreif und hat eine längliche Vertiefung mit longitudinaler Leiste in der Epigyne (Fig. 16); an den Schienen des ersten Beinpaares sind 7, an denen des zweiten 6 Stachelpaare; das zweite Exemplar ist noch nicht ganz entwickelt und hat an den Schienen I 6, II 5 Stachelpaare; das Hornplättchen an der Basis des Hinterleibes ist bei beiden höchst undeutlich; die Grösse ist etwas beträchtlicher: die ganze Körperlänge beträgt 15,8 Mm. Beinpaar I = 26,5, II = 25,2, III = 22, IV = 27,2 Mm. Ich nenne die Art (oder Varietät)

22. H. INERMIS (Fig. 16).

2 Weibchen von Tijuca.

Endlich waren noch bei Thérésopolis oder São João del Ré 2 weitere Exemplare gesammelt worden, die fast in allen Merkmalen mit *H. loricatus* übereinstimmen, sich aber durch weit beträchtlichere Körpergrösse und anders gestaltete Epigyne davon unterscheiden. Hier ist der Cephalothorax 10 Mm. lang, 8 Mm. breit, Hinterleib 10,8 Mm. lang, 6 Mm. breit; der ganze Körper 21 Mm. lang; Beinpaar I=35, II=33, III=29, IV=35 Mm.; die Tarsen der beiden Hinterpaare haben am Ende ein Haarbüschel, das wohl eine Scopula vertritt; dasselbe ist auf der Unterseite am stärksten, geht an den Seiten in die Höhe, ohne indessen sich auf der Oberseite ganz zu schliessen; zwischen den beiden Krallen findet sich ein Hornleistchen, aber keine freie Afterkralle. Die Epigyne (Fig. 17) ist so lang wie breit, vorn verschmälert zugerundet, hinten fast gerade; die Grube ist quer, der Hinterrand derselben springt in der Mitte vor, so dass ihr Umkreis nierenförmig wird; an der tiefsten Stelle findet sich eine feine punktförmige Vertiefung. Ich nenne diese Art (oder Varietät)

23. H. PLUMIPES (Fig. 17).

2 Weibchen von São João del Ré oder Thérésopolis.

H. loricatus, inermis und *plumipes* besitzen einen im hinteren Theil schön gerundeten und flachen, vorn erhobenen Cephalothorax mit grossen Augen; die Mandibeln sind wie bei unserem *Caelotes* stark hervorgewölbt. Da ich zu wenig Hypsinotus-Arten kenne, so kann ich nicht sagen, ob diese Merkmale vielleicht eine Gattungsverschiedenheit begründen; der erste Eindruck, den man von den genannten Arten erhält, ist mehr der eines *Caelotes* etc., als einer Drasside.

(*Anm.* L. Koch giebt in seiner Gattungsdiagnose (a. a. O., p. 271) an: die Tibien beider Hinterpaare ohne Stacheln; statt Tibien muss es *Patellen* heissen; ferner führt er in der analytischen Gattungstabelle *Hypsinotus* unter den Gattungen auf, deren viertes Beinpaar das längste ist, während bei *H. maculatus* das vierte Beinpaar kürzer als das erste ist.)

GATT. CTENUS Walck. (non Keyserl.).

Die Gattung *Ctenus* wurde von Walckenaer (*Tableau des Aran.*, p. 18 und *Aptères*, 1, pp. 202 und 363) wegen ihrer Augenstellung unter die *Coureuses* gestellt, welche den Stamm der *Citigradae* Thorell's und speciell der *Lycosoïdae* bilden (*On Europ. Spiders*, p. 187). Keyserling zeigte (in den *Verh. Zool.-Bot. Ges. Wiens*, XXVI, pp. 609 und 680), dass diese Gattung (in manchen Arten wenigstens) keine Afterkralle neben den beiden Hauptkrallen, wohl aber 2 Federhaarbüschel an den Füssen habe, wie die *Drassiden*, *Attiden* und *Philodrominen*, und begründete hierauf, sowie auf die von den *Lycosiden* abweichende Augenstellung, die Familie der *Ctenoïdae* [1], die er aber bei den *Citigradae* beliess und zwischen *Lycosoïdae* und *Oxyopoïdae* stellte. Diese Anordnung scheint mir eine unnatürliche und die Verwandtschaft mit den *Lycosiden* eine scheinbare zu sein. *Alle meine Erfahrungen über die Verwandtschaft der Spinnen haben mich dahin geführt, in dem Besitz oder Mangel einer Afterkralle, bezw. der Federhaarbüschel ein wichtiges systematisch-constitutives Merkmal zu sehen*, gegenüber welchem die relative Grösse und Stellung der Augen nur als *diagnostisches* in Betracht kommt, d. h. als ein solches, das in einzelnen Fällen als knapper und präciser Ausdruck für die Unterscheidung von praktischem Werthe sein kann, aber nicht als ausreichend betrachtet werden darf, um systematische Kategorien zu begründen. Indem ich daher mein Urtheil über die mir *in natura* unbekannten Arten *mit* Afterkralle, die L. Koch und Keyserling nachträglich (*Arachn. Austr. u. a. a. O.*, XXXIX, pp. 337 ff.) in die Familie der *Ctenoïdae* gestellt haben, zurückhalte [2], spreche ich meine Ueberzeugung über die nachfolgend beschriebenen Arten dahin aus, dass sie der Familie der *Drassiden* zuzuzählen oder in deren unmittelbare Nachbarschaft zu stellen sind.

Keyserling unterschied nach der Gestalt der Lippe, Bestachelung der

---

[1] Agassiz nannte eine seiner Unterclassen der Fische bereits 1834 äholich.
[2] Siehe den Nachtrag.

Schienen, Bildung des Cephalothorax und relativen Länge der Spinnwarzen neben *Ctenus* s. str. mehrere neue Gattungen und bewahrt den Namen *Ctenus* für Arten, bei denen die Unterlippe so lang als breit ist. Walckenaer gab dagegen seiner Gattung *Ctenus* eine Unterlippe, die länger als breit (*plus haute que large*) ist, während eine solche Gattung in der Keyserling'- schen Tabelle gar nicht vorkommt; ferner ist nach Walckenaer das erste Beinpaar das längste; von den Keyserling'schen Arten stimmt nur *eine*, *C. Salléi* (Saléi ist wohl Druckfehler), in dieser Hinsicht mit Walckenaer's Diagnose überein.

Von den mir vorliegenden Exemplaren würde das eine (Unterlippe länger als breit; Schienen mit 7 Stachelpaaren) in eine (nach Keyserling) neue Gattung, das andere zu *Caloctenus* Keyserl., das dritte zu *Ctenus* Keys. (?) gehören. Aus den angegebenen Verhältnissen wird man es aber gerechtfertigt finden, wenn ich für die erstere Art den Walckenaer'schen Gattungsnamen beibehalte, während die Gattung *Ctenus* Keys. einen anderen Namen erhalten muss.

24. C. CYCLOTHORAX n. sp. (Fig. 18.)

Cephalothorax hinten und in den Seiten regelmässig gerundet, vorn stark verschmälert; Kopftheil mit dem Brusttheil gleich hoch, von letzterem durch eine breite und starke Furche abgesetzt. Mittelritze lang und tief; ausser der Kopffurche laufen von derselben 2 ebenfalls starke Furchen zu dem I.-II. und II.-III. Beinpaar, ohne indessen den Rand des Cephalothorax zu erreichen.

Die zweite Augenreihe ist durch das Tieferstehen der Seitenaugen gebogen (*procurva*); ihre Mittelaugen mit den Augen der vorderen Reihe (Stirnaugen) ein Quadrat bildend, gleich gross; Stirnaugen um ihren Durchmesser vom Kopfrande entfernt, die Seitenaugen der Mittelreihe (eigentlich die vorderen Seitenaugen) elliptisch und kaum halb so gross wie die Mittelaugen der Mittelreihe (Scheitelaugen); die übrigen Augen von gleicher Grösse.

Mandibeln senkrecht nach unten, an der Basis sehr schwach hervorgewölbt, namentlich in der oberen Hälfte stark zottig behaart; oberer Klauenfalzrand mit 3 Zähnen, von denen der mittlere der stärkste ist; unterer mit 4 gleich starken Zähnchen; am oberen finden sich überdiess die gewöhnlichen Haare. Klaue mässig lang und kräftig; an der concaven (Innen-) Seite unten kantig; *diese Kante fein gekerbt.*

Unterkiefer aus schmaler Basis nach vorn verbreitert, auswärts gebogen, innen zur Aufnahme der Unterlippe etwas ausgerandet, vorn schräg abgestutzt und mit langen Haaren bekleidet. Unterlippe länger als breit, vorn gerundet verschmälert und dann gerade abgestutzt.

Sternum länglich rund, flach, ohne Eindrücke; Beine in dem Verhältniss 1, 4, 2, 3.

Hinterleib länglich, schmal; vorn abgestutzt, nach der Mitte allmählich verbreitert, von hier nach hinten wieder verschmälert.

Das Exemplar scheint z. Th. abgerieben zu sein, und ich kann daher nicht angeben, ob die Behaarung, wie sie jetzt erscheint, die ursprüngliche ist. Gegenwärtig ist der Cephalothorax zum grössten Theile unbehaart, matt glänzend, rothbraun; hinten und am Rande mit langen, greisen Haaren besetzt; in der Augengegend finden sich neben den greisen auch rothbraune Haare, namentlich an der Stirn. Das Sternum ist mit anliegenden weichen und abstehenden stärkeren Haaren bekleidet; ebenso der Hinterleib. Die Farbe desselben scheint fuchsig gelb zu sein; in der Mitte über den Rücken sind die Haare abgerieben, und hier wird ein braunrother, etwa bis zur Mitte reichender Längsstreifen bemerkbar. Die Beine sind an Schenkel und Schienen schwach, an Tarsen und Metatarsen stärker behaart; die Haare unten eine schwache Scopula bildend, stark bestachelt; von Farbe rothbraun, an den beiden Vorderpaaren die Tarsen dunkler. Taster am vierten und fünften Glied oben zimmtbraun, aussen, namentlich am Rande des Schiffchens, greis behaart.

Die Copulationsorgane zeigen folgendes Verhalten (Fig. 18, *a* von unten, *b* von aussen): Das Schienenglied hat am Ende aussen einen kurzen, aber kräftigen, schräg nach unten gerichteten Zahn; das Schiffchen ist länglich eiförmig; Bulbus an der Unterseite mässig herausragend, im Umkreise hornig, in der Mitte häutig und eingedrückt. Aus der vertieften Mitte entspringt ein nach vorn gerichteter, lang rechteckiger, häutiger Fortsatz, und etwas ausserhalb und vor diesem ein spatelförmiger, in seinem grösseren Endtheil verhornter. Ungefähr in der Hälfte entspringt vom Innenrande ein langer, gebogener Zahn (*Embolus?*), vor dessen Ende sich vom Bulbus eine hufeisenförmige, die Spitze umfassende Leiste erhebt. (Dieser Zahn und Leiste fehlen am linken Taster.)

Der Femur I und II hat vorn 1,1,1,1, oben und hinten je 1,1,1; III und IV vorn und hinten je 1,1,1,1, oben 4,1,1 Stacheln; sämmtliche Patellen hinten 1, die Tibien I und II oben 1,1,1, unten 7paarige; III und IV zahlreiche, aber etwas unregelmässig gestellte Stacheln; ebenso sämmtliche Tarsen; die Krallen sind regelmässig gebogen, mit wenigen, aber ziemlich langen Zähnchen.

Maasse : Cephalothorax 10,5, Hinterleib 9, ganzer Körper 19 Mm. lang; Cephalothorax 9, Hinterleib 5,5 Mm. breit.

Beinpaare.	Femur.	Patello.	Tibia.	Tarsus.	Metatarsus.	Total.
I.	16	5	17	20	6	68 Mm.
II.	15,6	5	15,7	18,3	3,2	63 —
III.	13	4	12	15	4,3	53 —
IV.	13,3	4	14,5	21	5	63,6 —
Taster	5,5	2,5	3,3	4	.	15 (excl. Unterk.).

Ein wohlerhaltenes ♂ von Tijuca.

Diese Art gehört zu Walckenaer's Fam. I (*Ambiguae*), aus welcher er eine americanische Art, *C. janeirus* ♀ von Rio Janeiro, beschreibt; dass vorliegende Art das ♂ zu *C. janeirus* sein könnte, ist mir wegen des beträchtlichen Unterschiedes in der Körpergrösse und wegen des einfarbigen Bauches unwahrscheinlich. C. L. Koch's *C. cinnamomeus* (*Arachn.*, XV, p. 58, Tab. DXIX, Fig. 1457) ist vielleicht das unentwickelte ♂ vorliegender Art; eine Gewissheit hierüber ist aus der kurzen Beschreibung Koch's nicht zu erlangen; nach der Zeichnung zu urtheilen ist der Hinterleib der Koch'schen Art kürzer und hinten breiter als bei *C. cyclothorax*.

Gatt. CALOCTENUS Keys.

25. C. VARIEGATUS n. sp. (Fig. 19.)

Cephalothorax länglich, nach vorn allmählich verschmälert, vorn gerade abgestutzt; Kopftheil von der Brust durch eine tiefe Furche abgesetzt, so dass der Rücken an dieser Stelle eingedrückt erscheint. Mittelritze lang und tief; ausser der erwähnten Kopffurche 2 ebenfalls tiefe Seitenfurchen zum 1-2. und 2-3. Beinpaar.

Die Mittelaugen bilden ein Trapez, das vorn nur wenig schmäler als hinten ist; die Stirnaugen etwas kleiner als die Scheitelaugen, die vorderen Seitenaugen nicht halb so gross wie die Stirnaugen, von diesen eben so weit wie von den Scheitelaugen entfernt, mit den hinteren Seitenaugen auf einem gemeinsamen, hinten stärkeren Hügel stehend; die hinteren Seitenaugen ganz nach hinten und seitwärts sehend, etwa von der Grösse der Scheitelaugen; die vorderen Seitenaugeu kaum halb so gross wie die Stirnaugen, diese kleiner als die Scheitelaugen.

Mandibeln kräftig, an der Basis schwach hervorgewölbt, etwas schräg nach unten und vorn gerichtet; der obere Klauenfalzrand mit 3 (mittleres das grösste), der untere mit 4 fast gleich grossen Zähnchen; auch hier ist der Klauenrand gekerbt. Die Unterkiefer bieten nichts Bemerkenswerthes dar; Unterlippe breiter als lang, vorn abgestutzt; Sternum kreisrund, eben; Beine 4, 1, 2, 3.

Hinterleib länglich walzenförmig, hinter der Mitte am breitesten, nach den Enden hin stumpf zugespitzt. Obere und untere Spinnwarzen gleich lang und kurz, die unteren dicker.

Die Epigyne (Fig. 19) besteht aus einer länglich rechteckigen Platte, welche hinten seitlich von 2 Wülsten mit gekerbtem Rande umgeben und vorn von einer quer gestellten Hornleiste begrenzt ist, deren Breite etwa das dreifache der Breite der erwähnten Platte beträgt; von den Enden dieser Hornleiste zieht sich eine schwächere geschwungene Leiste zu den vorderen Enden der erwähnten Wülste.

Die Grundfarbe des Cephalothorax und der Beine hellbraun, Mandibeln dunkelbraun, Hinterleib heller. Der ganze Körper ist mit anliegenden, leicht abreibbaren Haaren bedeckt, denen stärkere, abstehende eingestreut sind; die letzteren sind namentlich am Rande des Cephalothorax, den Mandibeln und den Hüftgliedern der Beine dicht. Die anliegende Behaarung des Cephalothorax ist fuchsroth; über die Mitte läuft ein hinten spitzer und vor der Mittelritze eingeschnürter Keilstreifen aus greisen Haaren, der vorn bis zu den hinteren Seitenaugen reicht und einen aus braunen Haaren gebildeten Keilstreifen einschliesst, der von den Scheitelaugen bis zur Mittelritze reicht. Der Rand des Cephalothorax ist mit hellen abstehenden Haaren bekleidet, und parallel diesem äussersten Rande läuft eine breitere, aus hellen anliegenden Haaren gebildete Linie, die aber bei dem vorliegenden Exemplar nur angedeutet ist. Die Beine sind auf der Oberseite hell und dunkel gescheckt; die dunkelen Flecke an den Schenkeln, namentlich der Hinterbeine, zu schrägen Halbringen zusammenfliessend.

Hinterleib oben (soweit aus den nicht abgeriebenen Stellen ersichtlich) fuchsroth und greisscheckig; über die Mitte verläuft ein aus weissen Haaren gebildetes Längsband; Bauch fast einfärbig dunkelgreis behaart.

Alle Schenkel oben mit 3, die beiden vorderen vorn (in der Mitte) mit 2 dicht bei einander stehenden, hinten mit 4; die hinteren oben mit 4, vorn und hinten mit mehreren Stacheln; Tibien I und II unten mit 7 Stachelpaaren, von denen das letzte klein ist und unmittelbar am Ende steht; Tarsen unten mit 3 Stachelpaaren; Tarsen I und II und Metatarsen mit schwacher Scopula und starken Haarbüscheln vor den 2 stark gebogenen, mit wenigen, nach der Spitze länger werdenden Zähnchen versehenen Krallen.

Maasse : Cephalothorax 6,3, Hinterleib 9,5, ganzer Körper 15,5 Mm. lang; Cephalothorax 5, Hinterleib 5,4 Mm. breit.

Beinpaare.	Femur.	Patella.	Tibia.	Tarsus.	Metatarsus.	Total.
I.	6,5	2,6	7,5	5,4	2,2	26 Mm.
II.	6	2,6	5,5	5	2	23,5 —
III.	5	2	4	5	2	21 —
IV.	6,7	2	5,5	8	2,4	26,5 —

Taster 7 Mm. lang.

Ein ♀ von Thérésopolis oder São João del Ré.

Gatt. ISOCTENUS n. g.

Syn. **Ctenus** (?) Keyserling; *Verh. Zool. Bot. Ges. Wien,* XXVI, pp. 681, 682.

Capite aequa altitudine ac thorace; labio quadrato, dimidiam maxillarum longitudinem non aequante; pedibus quarti paris omnium longissimis; tibiis quattuor anterioribus infra aculeis bis quinis armatis; mamillis brevissimis, superioribus ac inferioribus aequa longitudine, his paullo crassioribus; pedum unguibus binis.

Ob Keyserling die Art, die ich unter vorstehendem Gattungsnamen zu beschreiben gedenke, in seine Gattung *Ctenus* gestellt und deren Charaktere modificirt haben würde, weiss ich nicht; dass der Gattungsname *Ctenus* nicht für Arten aufbewahrt bleiben darf, deren Unterlippe so lang als breit und deren viertes Beinpaar das längste ist, habe ich oben gezeigt. Bei *Ctenus* Keys. haben die Schienen unten 4 Paare von Stacheln und sind die oberen Spinnwarzen etwas länger als die unteren: Abweichungen, die mich nicht zur Aufstellung einer neuen Gattung veranlassen würden.

26. I. POLIIFERUS n. sp.

Cephalothorax länglich, in den Seiten gerundet, nach vorn verschmälert; vom Hinterrande ziemlich steil aufsteigend, über den Rücken gerade, Stirn fast senkrecht abfallend. Mittelritze im hinteren Drittel, sehr deutlich; Kopf- und Seitenfurchen nicht sehr stark. Mit anliegenden Haaren und vorn mit abstehenden Borsten bekleidet, dunkelgrau, mit einer hellen gelben, den Rand nicht ganz erreichenden schmalen Binde jederseits und einer Mittelbinde, die sich von der Mittelritze an keilförmig zu den hinteren Seitenaugen verbreitert; die Umgebung der Augen, namentlich der hinteren, stärker verdunkelt; in der Kopffurche eine feine schwarze Linie.

Die Mittelaugen ein einem Rechteck sich näherndes Paralleltrapez bildend, dessen Höhe die grössere Seite noch etwas übertrifft; die Stirnaugen nicht ganz um ihren Durchmesser von einander und von dem Kopfrande entfernt; ihr Durchmesser etwas grösser wie der Halbmesser der Scheitel-

62 VERZEICHNISS DER etc. BRASILIANISCHEN ARACHNIDEN.

augen; die letzteren eben so weit von einander wie von den vorderen Seitenaugen entfernt, nemlich um ihren Halbmesser. Die vorderen Seitenaugen tiefer stehend als die Scheitelaugen, doch so, dass eine gemeinsame untere Tangente der letzteren sie eben noch schneiden würde, elliptisch, ihr grösserer Durchmesser noch etwas kleiner als der der Stirnaugen; die hinteren Seitenaugen fast so gross wie die Scheitelaugen und rund. Alle Augen in schwarzen Ringen, mit Ausnahme der vorderen Seitenaugen.

Mandibeln an der Basis hervorgewölbt, so lang wie Tarsus II, kräftig, vorn mit langen Borsten bekleidet; oberer Falzrand mit 3, unterer mit 5 Zähnchen.

Unterkiefer aus schmaler Basis erweitert mit gebogener Aussenseite; an der Spitze schräg abgestutzt; Unterlippe quadratisch, nicht halb so lang wie die Unterkiefer.

Sternum fast rund, hinten kurz zugespitzt, mit abstehenden Haaren bekleidet; Beine in dem Verhältniss 4, 1, 2, 3; Tibien der Vorderpaare unten mit 5 Stachelpaaren, von denen das letzte allerdings sehr klein ist.

Hinterleib walzenförmig, vorn etwas abgestutzt, hinten zugerundet. Spinnwarzen kurz, die unteren etwas dicker als die oberen.

Der Hinterleib ist mit anliegenden Haaren bekleidet, denen abstehende Borsten eingestreut sind; Rücken dunkelgrau, Bauch hell. Seiten hell und dunkel gemischt. Ueber die Mitte läuft ein helles Längsband bis zum After, dessen Seitenränder wieder ausgezackt sind; *vorn* springt die dunkle Farbe in schmalen Linien nach *vorn* ein, von der *Mitte* an mit *quer* gerichtetem Vorderrande.

Ein nicht ausgewachsenes Weibchen von Rio; eine Scopula ist an diesem jungen Exemplar nirgends entwickelt. Der Cephalothorax ist 5, Hinterleib 6 Mm. lang, beide 4 Mm. breit; Beinpaar I = 16,5, II = 14,2, III = 14, IV = 19,5 Mm. lang.

27. In dieser Familie gehört noch eine Spinne, von der nur der Cephalothorax in gänzlich abgeriebenem Zustande vorliegt, so dass eine Bestimmung oder Beschreibung nicht möglich ist. Nach der Gestalt der Unterlippe würde sie in die Gattung *Ctenus* Walck. gehören, doch ist Beinpaar IV beträchtlich

VERZEICHNISS DER etc. BRASILIANISCHEN ARACHNIDEN. 63

länger als I. Der Cephalothorax ist 10 Mm. lang, 7 breit; Kopf in gleicher
Höhe wie Rücken. Die Mittelaugen bilden ein Quadrat, die vorderen von
einander nicht um ihren Durchmesser, die hinteren grösseren um ihren
Halbmesser von einander, die vorderen etwa um ihren Durchmesser vom
Kopfrande entfernt, rund. Die vorderen Seitenaugen tiefer stehend als die
Scheitelaugen, doch nur so viel, dass eine gemeinsame Tangente an den
Unterrand der letzteren sie in ihrer oberen Hälfte schneiden würde; sie
sind elliptisch; die hinteren Seitenaugen rund, von gleicher Grösse wie die
Stirnaugen. Oberkiefer kräftig; der obere Klauenfalzrand mit 3, der untere
mit 6 Zähnchen, von denen die 4 ersten gleich stark, die beiden letzten
schwächer sind; die 5 ersten bilden eine gerade Linie, das letzte ist etwas
einwärts gerückt. Unterkiefer aus schmaler Basis verbreitert, doppelt so
lang als Unterlippe, diese vor der Basis eingeschnürt, dann gerundet erweitert mit abgeschnittenem Ende, hier schmäler als die Basis. Beine in dem
Verhältniss IV = 34, I = 31, II = 28,5 III = 26,2 Mm.; die Schienen der
beiden ersten unten mit 5 Stachelpaaren. Das Exemplar stammte von
Chapeo d'Uvas.

FAM. LYCOSIDAE.

GATT. DOLOMEDES (Latr.).

28. D. ALBICOXA n. sp.

Cephalothorax fast so breit als lang, in den Seiten regelmässig rund, vorn
verschmälert, an der Stirn nicht halb so breit als die grösste Breite beträgt;
vom Hinterrande ziemlich steil hoch ansteigend, über den Rücken gerade,
vorn allmählich nach der Stirn herabgewölbt; Mittelritze deutlich, in der
hinteren, fast eine Ebene darstellenden Abdachung beginnend; Kopf- und
Seitenfurchen undeutlich. Farbe gelb; vorn mit längeren abstehenden dunk-
leren Haaren; über die Mitte läuft eine schmale, aus weissen Häärchen
gebildete Linie die die Ränder der Mittelritze einfasst, vor den hinteren
Augen unterbrochen ist, zwischen den Scheitelaugen aber wieder auftritt
und bis zwischen die Stirnaugen zieht. Der Rand ist bis ziemlich hoch hin-

auf von einem breitem Saum eben solcher Häärchen eingefasst; vorn wird derselbe sowohl von oben wie von unten her schmäler, so dass vorwärts vom ersten Beinpaar der Rand wieder gelb ist. Die vordere Augenreihe ist durch das Tieferstehen der Seitenaugen stark gebogen (*deorsum curvata*), die Stirnaugen nicht ganz um ihren Durchmesser von einander und eben so weit von den etwas kleineren ovalen Seitenaugen entfernt. Die Scheitelaugen weiter von einander als die Stirnaugen, um etwas mehr als ihren Durchmesser der letzteren von denselben abstehend, die grössten von allen; die Entfernung ihrer Aussenränder aber doch nicht so gross als die Breite der vorderen Augenreihe. Die hinteren Seitenaugen um mehr von den Scheitelaugen, als diese von den Stirnaugen entfernt, unbedeutend kleiner als die Scheitelaugen; alle Augen schwarz umrandet.

Mandibeln lang und kräftig, mit abstehenden Haaren bekleidet; oberer und unterer Klauenfalzrand mit 3 fast gleich starken Zähnchen, das letzte des unteren etwas weiter entfernt.

Unterkiefer aus schmaler Basis erweitert, Innenrand gebogen, vorn zugerundet; Unterlippe quadratisch, etwas mehr als halb so lang als die Unterkiefer.

Sternum herzförmig, breiter als lang, vorn breit abgestutzt, hinten stumpf zugespitzt, flach gewölbt, dicht mit abstehenden Haaren bekleidet; Beine 4, 1 — 2, 3. Die Hüften der beiden Vorderpaare oben mit einem Fleckchen weisser Haare, alle stark bestachelt.

Hinterleib beträchtlich schmäler als der Cephalothorax, nach hinten zugespitzt, mit olivenbraunen Haaren und einzelnen abstehenden Borsten bekleidet, an den Seiten weiss gerandet, als Fortsetzung des Cephalothoraxrandes; über den Rücken läuft bis fast zum After ein hinten zugespitztes, aus gelbbraunen Haaren gebildetes und von einer feinen weissen Linie eingefasstes Längsband; die weisse Einfassung löst sich hinten z. Th. in Flecken auf.

Maasse : Cephalothorax 3,5, Hinterleib 3,7, ganzer Körper 6 Mm. lang; Cephalothorax 3, Hinterleib 2 Mm. breit. Beinpaar I — 12, II — 12,2, III — 10,3, IV — 12,4 Mm.

Vier junge Exemplare von São João del Ré oder Thérésopolis; ihr Geschlecht lässt sich noch nicht erkennen.

29. **D. MARGINELLUS** C. L. Koch; *Arachn.*, XIV, p. 120; Tab. CCCCLXXXVI, Fig. 1355.
— Keyserling; *Verh. Zool. Bot. Ges. Wien*, XXVI, p. 678.

Ein junges Exemplar von Rio ziehe ich zu dieser Art; die Maasse sind: Cephalothorax 5,5, Hinterleib 5,8, ganzer Körper 11,4 Mm. lang; Beinpaar I — 20, II — 21,5, III — 19, IV — 25 Mm.

30. Von der Gattung *Dolomedes* liegt noch ein junges Exemplar vor, das wahrscheinlich einer anderen Art angehört. Die vordere Augenreihe ist schwächer gebogen, die Augen weiter von einander (um mehr als Durchmesser), Cephalothorax verhältnissmässig schmäler, Hinterleib breiter und stumpfer endend (3, resp. 2,5 Mm. breit); die Farbe scheint, soweit aus dem abgeriebenen Exemplar ersehen werden kann, dieselbe gewesen zu sein.

Gatt. TROCHOSA C. L. Koch.

31. **T. HELVIPES** Keyserling; *Verh. Zool. Bot. Ges. Wien*, XXVI, p 659; Taf. VII, Fig. 35.

Von Rio liegen 4 ♀ vor, die mit Keyserling's Beschreibung und Abbildung vollkommen übereinstimmen, nur etwas kleiner (10 statt 12,5 Mm.) sind; Keyserling hatte die Art von Baltimore erhalten.

32. **T. HUMICOLA** n. sp. (Fig. 20.)

Cephalothorax länglich, nach vorn allmählich verschmälert, vom Hinterrande etwa unter einem Winkel von 60° bis zur Mittelritze ansteigend, über den Rücken flach, von den Augen der zweiten Reihe an nach der Stirn zu abgeschrägt. Die vordere Augenreihe durch das Tieferstehen der Mittelaugen leicht gebogen (*recurva*); die Stirnaugen vom Kopfrande um ihren Durchmesser und um etwas weniger von den Scheitelaugen entfernt, einander genähert und eben so nahe den fast um die Hälfte kleineren Seitenaugen. Die Scheitelaugen von den hinteren Seitenaugen um ihren Durchmesser und um etwas weniger von einander entfernt.

66 VERZEICHNISS DER etc. BRASILIANISCHEN ARACHNIDEN.

Die Farbe des Cephalothorax ist gelbroth, zwischen den Augen der dritten und zweiten Reihe und über den vorderen Seitenaugen dunkele, fast schwarze Flecke, der Seitenrand schmal weiss behaart. Drei helle Binden durchziehen den Cephalothorax der Länge nach; die mittlere setzt sich bis zwischen die Scheitelaugen fort; ausserdem zieht sich eine schmale helle Linie vom Innenrande der hinteren Seitenaugen bis etwa zur Mitte des Rückens; diese Linie ist leicht gebogen, mit der Concavität nach innen.

Die Mandibeln sind dunkel rothbraun, nur schwach gewölbt, vorn mit abstehenden Haaren bekleidet; hinten quer gefurcht; am oberen und unteren Klauenfalzrand stehen je 3 Zähnchen, die des unteren gleich gross, der mittlere des oberen kräftiger als die beiden anderen sehr kleinen. Klaue an der Basis dunkelbraun, in der Endhälfte heller, durchscheinend roth.

Unterkiefer nach vorn etwas bogig verbreitert, vorn schräg abgestutzt; Innenrand ebenfalls bogig; Unterlippe ungefähr so lang wie breit, halb so lang als die Unterkiefer, etwas dunkeler roth gefärbt als diese.

Sternum länglich herzförmig, wie die Beine und Taster beinfarben, nur Tarsen und Metatarsen etwas gebräunt; Beine in dem Verhältniss 4, 1, 2—3; an den Metatarsen eine nicht sehr dichte Scopula.

Hinterleib (Fig. 20) eiförmig, nach dem After etwas zugespitzt, staubgelb gefärbt, der Bauch etwas heller, mit ebensolchen Häärchen dicht anliegend bekleidet; zwischen den anliegenden Häärchen stehen, weniger dicht, längere und dunkelere; in den Seiten finden sich unregelmässig gestellte Fleckchen aus fast weissen Häärchen. Ueber die Mitte läuft ein sich vorn etwas verbreiterndes helles Längsband, das in seiner vorderen Hälfte einen dunkeleren Keilfleck enthält, der seinerseits wieder einen hellen Keilfleck umschliesst; in der hinteren Hälfte scheint ausserhalb des hellen Mittelbandes eine Reihe kleiner weissbehaarter Flecken gestanden zu haben; doch sind alle Exemplare so abgerieben, dass sich aus ihnen nichts mit Bestimmtheit hierüber entnehmen lässt.

Maasse : Cephalothorax 6, Hinterleib 7,2, ganzer Körper 13,2 Mm. lang; Cephalothorax 4,8, Hinterleib 5,2 Mm. breit.

VERZEICHNISS DER etc. BRASILIANISCHEN ARACHNIDEN. 67

Beinpaare.	Femur.	Patella.	Tibia.	Tarsus.	Metatarsus.	Total.
I.	4,1	2,1	3,4	3	2,3	17,2 Mm.
II.	4,1	2,1	3,3	2,8	2	16 —
III.	3,8	2	3	3,3	2	16 —
IV.	5	2	4	5,1	2,5	20,3 —

Von dieser Art liegen 4 Weibchen von Rio vor. Sie ist unzweifelhaft mit der vorhergehenden nahe verwandt, unterscheidet sich von derselben aber durch anders gestaltete Epigyne (Fig. 20a) und den Umstand, dass Beinpaar II und III gleich lang sind.

GATT. TARENTULA Sundev. [1].

33. **T. POLIOSTOMA** C. L. Koch; *Arachn.*, XIV, p. 152; Tab. CCCCXCIV, Fig. 1379.
— Keyserling; *Verh. Z. B. Ges. Wien*, XXVI, p. 643; Taf. VII, Fig. 24.

Von dieser Art liegt ein Männchen von Buenos-Ayres vor. Dasselbe stimmt in allen Theilen mit den Beschreibungen Koch's und Keyserling's überein; namentlich ist die übereinstimmende Tasterbildung für die Identität entscheidend. Bei dem Keyserling'schen Exemplar war der Hinterleib defect, wesshalb weder die Totallänge, noch die Breite des Hinterleibes angegeben werden konnte; bei meinem Exemplar ist die Totallänge 18,5 Mm., die Länge des Hinterleibes 9, Breite 5,6 Mm.

In der Keyserling'schen Beschreibung auf Seite 644 heisst es : Patella und Tibia IV zusammen unbedeutend kürzer als der Metatarsus (d. h. Tarsus nach meiner Bezeichnung); auf der vorhergehenden Seite ist Patella zu 3,7, Tibia zu 7,3, Metatarsus zu 10 Mm. angegeben, was eine Länge von 11 Mm. gegen 10 des Metatarsus ergeben würde; so finde ich auch bei meinem Exemplar Patella + Tibia IV unbedeutend länger als Tarsus. Die Art scheint dem südlichen Theile Südamerica's eigenthümlich zu sein : Koch's Exemplare stammten von Montevideo, Keyserling's aus Uruguay ohne speciellere Angabe.

---

[1] Ich behalte diesen Namen bei, selbst wenn nach dem Vorschlage Karsch's der Name *Tarantula* für *Phrynus* einträte.

34. T. NYCHTHEMERA n. sp. (Fig 21.)

Cephalothorax braun, Kopftheil dunkler, Mittelritze fast schwarz. Bekleidet ist der Cephalothorax mit hellgelben Haaren, die an manchen Stellen dichter stehen und länger sind und dadurch eine undeutliche Zeichnung hervorrufen: ein Mittelband, das sich vorn verbreitert und namentlich am Innenrand der beiden hinteren Augenpaare deutlich ist, hier aber 2 äusserst schmale dunkele Längslinien zwischen sich nimmt. Der Rand ist heller gelb und von demselben ziehen zahlreiche feine Linien zur Mittelritze. Der Stirnrand ist von orangerothen Haaren umsäumt und eine aus eben solchen gebildete Linie zieht sich zwischen der ersten und zweiten Augenreihe hin, während unter der ersten Augenreihe eine fast kahle, dunkelbraune Stelle ist.

Mandibeln dunkelbraunroth, mit abstehenden Borsten und vorn mit anliegenden, orangeroth gefärbten Fiederhäärchen bekleidet; Unterkiefer, Unterlippe, Sternum und Hüften dunkelbraun, schwarz behaart. Die Taster sind gelb behaart; das letzte Glied unten, und an der Spitze auch oben schwarz. Die Beine sind auf der Oberseite erdgelb; das Ende der Tibien, Tarsen und Metatarsen dunkeler; unten sind Hüften, Kniee, die grössere Endhälfte der Tibien, Tarsen und Metatarsen schwarz, an den beiden Vorderpaaren auch die Oberschenkel; die nicht verdunkelten Theile sind fast rein weiss, so dass die Beine auf der Unterseite schwarz und weiss geringelt erscheinen.

Der Hinterleib ist oben gelbbraun mit kleinen schwarzen Fleckchen, Bauch schwarz. Ueber den Rücken läuft in der vorderen Hälfte ein hell umsäumter, dunkeler Fleck von dreieckiger Gestalt, dem sich ein ähnlicher, kürzerer und nicht hell eingefasster anschliesst; auf letzteren folgt eine Reihe schmaler schwarzer Bogenstriche.

Die Gestalt des Cephalothorax ist die gewöhnliche; die vordere Augenreihe durch das Tieferstehen der Seitenaugen gebogen (*procurva*), ihre Augen gleichweit von einander (etwa um den Halbmesser der kleineren Seitenaugen) entfernt, vom Stirnrande weiter als von den Scheitelaugen, von ersterem um mehr als um den Durchmesser der Stirnaugen abstehend. Die Breite der zweiten Augenreihe etwas beträchtlicher als die der ersten; ihre Augen die grössten, nicht ganz um ihren Durchmesser von einander entfernt; die hinteren Seitenaugen wenig kleiner, um mehr als den doppelten Durchmesser von einander entfernt.

Mandibeln kräftig, bogig hervorgewölbt, der untere Klauenfalzrand mit 3 gleich grossen kräftigen, der obere mit einem kleinen und einem grösseren Zähnchen dicht daneben, hinter welchem an der linken Mandibel wieder ein kleiner folgt.

Unterlippe aus schmaler Basis bogig erweitert, dann wieder verschmälert, vorn gerade abgestutzt, etwa halb so lang als die Unterkiefer.

Sternum eiförmig, die grösste Breite zwischen dem zweiten Beinpaar, vorn abgestutzt, hinten etwas zugespitzt.

Hinterleib von regelmässig elliptischem Umriss, in dem mir vorliegenden Exemplar nicht über den Cephalothorax gewölbt, sondern von demselben etwas abstehend; die oberen Spinnwarzen etwas dünner und länger als die unteren.

Bestachelung der Beine : I und II : Femur oben 1,1,1, hinten 1,1,1 (sehr klein), vorn 1,1 (dicht bei einander, nahe der Spitze); Patella 0; Tibia unten 2,2 (an der Basis und Spitze, beide schwach); Tarsen und Metatarsen 0.

III. Femur oben 1,1,1, vorn 1,1, hinten 1,1,1; Patella vorn 1, hinten 1; Tibia vorn, oben und hinten 1,1, unten 2,2,2.

IV. Femur oben 1,1,1, vorn 1,1, hinten 1 (an der Spitze); Patella und Tibia wie III. Tarsus III und IV vorn, unten und hinten mit Stacheln.

Metatarsen und Tarsen haben eine dichte Scopula, die sich bei den Vorderbeinen sogar auf die Schienen fortsetzt.

Maasse : Cephalothorax 11,6, Hinterleib 14, ganzer Körper 26,2 Mm. lang; Cephalothorax 8, Hinterleib 9 Mm. breit.

Beinpaare.	Femur.	Patella.	Tibia.	Tarsus.	Metatarsus.	Total.
I.	8	4,1	6,9	6	4	33,8 Mm.
II.	7,3	4,1	5,2	5,5	4	30 —
III.	6,5	3,8	5	5,8	3	28 —
IV.	8	4,2	6,9	9	4	36,8 —

Ein entwickeltes, wohlerhaltenes Weibchen von Thérésopolis oder São João del Ré.

35. **T. VOLXEMII** n. sp (Fig. 22.)

Cephalothorax braun, dicht mit graubraunen Haaren bekleidet; über die Mitte zieht sich ein in der Gegend der Mittelritze sich erweiterndes Längsband, in den Seiten breite hellgraue Bänder, die aber nicht scharf begrenzt sind; die Farbe des Mittelbandes ist vorn etwas gelbroth gemischt und von den Seitenbändern ziehen mehrere feine Strahlenlinien nach dem Rücken. Mandibeln dunkelrothbraun, vorn nicht sehr dicht gelbroth beschuppt, dazwischen mit einzelnen längeren Borsten. Sternum schwarz; die Taster, namentlich das Schienenglied derselben, dicht rothgelb behaart. Die Beine auf der Oberseite einfarbig grau; an den Schenkeln eine äusserst undeutliche Haarblösse; unten die Hüften, Verbindungshaut der Oberschenkel und Kniee und letztere, sowie die Spitze der Schienen dunkel; der übrige Theil hellgreis; an den beiden Vorderpaaren eine dichte, olivenfarbene, an den Hinterpaaren eine weniger dichte, mehr gelbgraue Scopula an Tarsus und Metatarsus.

Hinterleib über den Rücken staubbraun, in den Seiten heller; im ersten Drittel in der Mitte ein lang dreieckiger, mit der Spitze nach vorn gerichteter, seitlich hell eingefasster Fleck schwarz; an denselben schliesst sich ein hinten bogenartig erweiterter und ferner 3-4 schmale Bogenstreifen an; Bauch ganz schwarz.

Hinsichtlich der Gestalt ziemlich mit *nychthemera* übereinstimmend; die vordere Augenreihe schwächer gebogen, die Stirnaugen um weniger grösser als die Seitenaugen; Mandibeln vorn weniger hervorgewölbt, weniger dicht (nicht mit rothen, sondern) mit rothgelben Haaren bekleidet; sämmtliche Schenkel unterseits mit hellgreisen Haaren, die die rothbraune Grundfarbe durchscheinen lassen. Die Gestalt der Epigyne ist wesentlich verschieden : hier (Fig. 22) ist sie fast eben so breit als lang, bei *nychthemera* (Fig. 21) nicht halb so breit als lang.

Bestachelung der Beine. I. Femur oben 1,1,1, vorn 1,1, hinten 0; Patella 0, Tibia unten 2,2, hinten 1; Tarsus unten 2,2.

II. Femur und Patella wie I; Tibia unten 2,2,2, vorn 1,1; Tarsus unten 2,2,2 (Stacheln wie bei I fast ganz in der Scopula versteckt).

VERZEICHNISS DER etc. BRASILIANISCHEN ARACHNIDEN. 71

III. Femur oben 1,1,1, vorn 1,1, hinten 1,1,1, Patella vorn 1, hinten 1, Tibia vorn, oben und hinten 1,1, unten 2,2,2.
IV. Femur oben 1,1,1, vorn 1,1 (oder 1,1,1), hinten 1; Patella und Tibia wie 3.
Tarsus III und IV hat zahlreiche, nicht regelmässig gestellte Stacheln.
Maasse: Cephalothorax 11, Hinterleib 9, ganzer Körper 19 Mm. lang; Cephalothorax 8,3, Hinterleib (nach dem Eierlegen) 7 Mm. breit.

Beinpaare.	Femur.	Patella.	Tibia.	Tarsus.	Metatarsus.	Total.
I.	8	4,2	6	6	5,8	32 Mm.
II.	7,5	4	5,8	5,8	4,8	29,5 —
III.	6	3,7	5	5,2	5,8	27,5 —
IV.	8,2	4	6,8	9	4	37 —

Ein Weibchen von derselben Localität wie *T. nychthemera.*

Ich war lange zweifelhaft, ob die Art nicht das ♀ zu *poliostoma* wäre; indessen ist die bei den ♂ letzterer Art sehr deutliche Haarblösse auf den Schenkeln hier nur an der Spitze in einer kaum bemerkbaren Andeutung vorhanden, während aus *T. nychthemera* hervorgeht, dass dies wenigstens nicht allgemein ein secundärer Geschlechtsunterschied ist. Die beiden zuletzt beschriebenen Arten scheinen mit *T. raptoria* und *granadensis* Keys. nahe verwandt zu sein, unterscheiden sich aber sofort durch die *gebogene* vordere Augenreihe und anders gestaltete Epigyne.

36. **T. PUGIL** n. sp. (Fig. 23.)

Cephalothorax vorn ziemlich stark verschmälert, eben halb so breit als in der Mitte, sonst von gewöhnlicher Gestalt. Die vordere Augenreihe ist durch das Tieferstehen der Seitenaugen schwach gebogen, von dem Stirnrande und von den Scheitelaugen um den Durchmesser der etwas grösseren Stirnaugen, diese von einander etwa um den Halbmesser der Seitenaugen entfernt. Die Scheitelaugen die grössten von allen, um ihren Durchmesser von einander und um etwas mehr von den hinteren Seitenaugen entfernt; letztere um mehr als den doppelten Durchmesser von einander abstehend.
Die Farbe des Cephalothorax ist braunroth, vorn und an den Seiten dun-

keler; vorn stehen lange Borsten; im übrigen Theile ist die Grundfarbe durch angedrückte Haare verdeckt. Dieselben sind an den Seiten olivenfarben, etwas in's Fuchsige spielend, am Seitenrand selbst und mitten über den Rücken greis; von der Mittelritze gehen (2 oder 3 — das Exemplar ist etwas abgerieben —) Seitenstrahlen zum Rande.

Mandibeln mässig kräftig, lang, senkrecht; braunroth, vorn mit abstehenden Borsten und kleineren angedrückten Häärchen von greiser oder orangegelber Farbe bekleidet; am oberen Klauenfalzrande 2, unten 3 Zähnchen.

Unterkiefer und Unterlippe zeigen keine Besonderheiten; das Sternum ist herzförmig, flach gewölbt, schwarz, ziemlich dicht mit schwarzen abstehenden Borsten und dazwischen mit angedrückten, weichen Häärchen bekleidet.

Das zweite Tasterglied ist gebogen, das dritte und vierte gerade, das vierte etwas länger als das dritte, das fünfte nicht ganz so lang als drittes und viertes zusammengenommen; an der Basis etwas erweitert, über den Rücken gewölbt; der Bulbus etwas über die Mitte des Schiffchens reichend, ziemlich complicirt (Fig. 23 a von aussen, b von unten). Schenkel und Knie sind mit weissgrauen, die Schienen mit etwas in's Gelbliche spielenden Haaren bekleidet; das Endglied unten vor der Spitze ziemlich dicht und lang bürtig behaart.

Die Beine sind oberseits einfarbig röthlich, durch die dichte Bekleidung mit angedrückten Haaren grau; unterseits sind Hüften, Kniee und Enden der Schienen schwarz, an den Hinterpaaren die schwarze Farbe an der Spitze der Schienen weniger deutlich. Metatarsen und Tarsen mit Scopula; an den Hinterbeinen ist dieselbe schwächer.

Hinterleib (Fig. 23) oberseits aschgrau; über die Mitte, bis zur halben Länge reichend, läuft ein an den Seiten einmal winkelig erweiterter und am Ende bogenförmig begrenzter dunkler Fleck in einem hellen Felde; die vorspringenden Ecken in der Mitte und am Ende sind geschwärzt; auf denselben folgen 4-5 hinten weissgesäumte Bogenstriche; der zweite und dritte derselben erweitert sich an den Enden zu einem schwarzen Punkt. Bauch schwarz, die Seiten des Hinterleibes hellgrau.

Bestachelung : I. Femur oben 1,1,1, vorn 1; Tibia vorn 1, unten 2,2,2; Tarsus unten 2,2 (in der dichten Scopula schwer zu sehen); II. Femur,

Tarsus und Tibia unten wie I, Tibia vorn 1,1; III. Femur oben 1,1,1, vorn 1,1; Patella vorn 1, hinten 1, Tibia vorn, oben, hinten 1,1, unten 2,2,2; IV. wie III; Tarsus III und IV vorn und hinten 1,1,1, unten 2,2,2. *Maasse :* Cephalothorax 7,8, Hinterleib 6,5, ganzer Körper 14,2 Mm. lang; Cephalothorax 6, Hinterleib 4 Mm. breit.

Beinpaare.	Femur.	Patella.	Tibia.	Tarsus.	Metatarsus.	Total.
I.	6,8	3	6	6,5	3	28,2 Mm.
II.	6	3	5	5	3	25,2 —
III.	5,7	3	4,2	5	3	23,2 —
IV.	7	3	6,4	7,8	4	30 —

Ein am Cephalothorax etwas abgeriebenes, sonst aber wohlerhaltenes ♂ von Thérésopolis oder São João del Ré.

Von Rio liegt ausserdem ein junges Männchen vor mir, das ich mit einigem Zweifel zu dieser Art ziehe. Die Behaarung des Hinterleibes stimmt, so weit sie nicht abgerieben ist, mit dem beschriebenen ausgebildeten ♂ überein; die dunkele Farbe an der Brust, der Unterseite der Beine und des Hinterleibes tritt weniger hervor; die Länge des Cephalothorax ist 7, des Hinterleibes 9, des ganzen Körpers 15 Mm.; Bestachelung der Beine und Augenstellung ist übereinstimmend.

37. **T. STERNALIS** n. sp. (Fig. 21.)

Cephalothorax braun, mit dicht anliegenden braunen Haaren bekleidet; über die Mitte läuft ein vorn sich verbreiterndes greises Band, dessen Haare zwischen den zwei letzten Augenreihen gelblich sind; Rand von einem schmalen Saum greiser Haare umgeben.

Mandibeln dunkelrothbraun, mit abstehenden langen und locker anliegenden kurzen Haaren bekleidet; Unterkiefer heller roth, am Innenrande blass; Unterlippe wie Oberkiefer.

Sternum dunkelbraunroth mit schmalem hellrothem Seitensaum; Beine hellroth, dunkel marmoriert, durch Bekleidung mit heller und dunkler grauen Haaren scheckig.

Hinterleib staubgrau, am Bauche heller; mitten über den Rücken läuft ein helles, lang elliptisches Band, dunkler umsäumt; im Saum jederseits 3 schwarze Flecken, von denen die letzten (am Beginn des letzten Viertels liegend) die grössten sind. In dem hellen Mittelfelde liegt in der Mitte eine gelbbraune Zeichnung bestehend vorn aus einem lang gestreckten gleichschenkligen Dreieck, in dessen Schenkelmitte ein schwarzer, vorn in eine Spitze ausgezogener Fleck steht; hinten schliessen sich an das erwähnte Dreieck ebenso gefärbte Bogenstriche an. Bauch mit 2 hinter der Genitalspalte beginnenden, sich hinten näherenden dunkelen Längslinien und ausserhalb derselben mit 2 eben solchen an der Aussenecke der Stigmen beginnenden und bis zu den Spinnwarzen reichenden.

Die vordere Augenreihe durch das Tieferstehen der Seitenaugen schwach gebogen; [die Stirnaugen kaum weiter von einander als von den nur unbedeutend kleineren Seitenaugen entfernt] von dem ausgeschweiften Stirnrande um das Doppelte des Durchmessers der Stirnaugen und nicht ganz so weit von den Scheitelaugen entfernt; die Scheitelaugen die grössten, nicht ganz um ihren Durchmesser von einander und um mehr als ihren Durchmesser von den kleineren Seitenaugen entfernt.

Mandibeln schwach hervorgewölbt, ziemlich lang, am oberen Falzrand mit 2, am unteren mit 3 Zähnchen. Unterkiefer, Unterlippe und Sternum bieten keine besonderen Merkmale; der Hinterleib ist bei dem einzigen Exemplar (das jedenfalls schon Eier gelegt hat), schmäler als der Cephalothorax, die Epigyne (Fig. 24) breiter als lang, das Mittelstück derselben vorn verbreitert.

Maasse: Cephalothorax 7, Hinterleib 6, ganzer Körper 13 Mm. lang; Cephalothorax 5 (Hinterleib nach dem Eierlegen 4) Mm. breit.

Beinpaare.	Femur.	Patella.	Tibia.	Tarsus.	Metatarsus.	Total.
I.	5.4	2,8	4,2	4	5	21 Mm.
II.	5	2,8	3,8	4	5	20 —
III.	4	2,5	3,1	4	2,8	18,2 —
IV.	5,5	5	5	6	3,2	25 —

Ein Weibchen von Thérésopolis oder São João del Ré.

38. T. PARDALINA n. sp. (Fig. 25.)

Cephalothorax braun, über die Mitte läuft ein sich hinten verschmälernder hellgelber Streifen; Kopftheil verdunkelt; Mandibeln rothbraun, mit anliegenden hellgelben Haaren und abstehenden braunen Borsten bekleidet. Unterkiefer hellbraun, Unterlippe etwas dunkler; Sternum gelbbraun mit einem dunkelen Längsstreif über die Mitte; Beine gelbbraun, heller und dunkeler grau scheckig behaart. Hinterleib oben staubgrau, unten heller gelbgrau mit 2 dunkelen Längslinien, die am Aussenwinkel der Stigmen beginnen und geschwungen nach den Spinnwarzen laufen, wo sie sich vereinigen; 2 undeutlichere Längsstreifen, innerhalb der ersteren, erreichen die Spinnwarzen nicht; die Gegend der Epigyne ist verdunkelt. Auf dem Rücken des Hinterleibes ist vorn ein trapezförmiger heller Fleck, der einen dunkelen umschliesst; in letzterem finden sich hinten, an den Aussenecken, 2 kleine schwarze Punkte; über den übrigen Theil des Rückens sind schwarze Flecke zerstreut, ohne jedoch eine Zeichnung hervorzubringen.

Die vordere Augenreihe ist durch das Tieferstehen der Seitenaugen schwach gebogen, die Augen gleich weit von einander, die Stirnaugen die grösseren, um ihren Durchmesser vom Stirnrande und um unbedeutend weniger von den Scheitelaugen entfernt; diese die grössten, nicht ganz um ihren Durchmesser von einander, um etwas mehr von den hinteren Seitenaugen entfernt; die letzte Augenreihe die breiteste; die Breite der Scheitelaugenreihe nur unbedeutend grösser als die der vorderen.

Die Mandibeln mässig kräftig, vorn schwach gewölbt, am oberen Klauenfalzrande 3 Zähnchen dicht bei einander, das mittlere stark, die übrigen winzig; am unteren 3 gleich starke Zähnchen, von denen das erste vom zweiten etwas weiter als dieses vom dritten entfernt ist.

Unterkiefer aus schmaler Basis verbreitert, vorn zugerundet, Innenrand stark geschwungen zur Aufnahme der Unterlippe; letztere halb so lang als die Unterkiefer, breiter als lang, vorn breit gerade abgeschnitten.

Maasse : Cephalothorax 5,2, Hinterleib 5, ganzer Körper 9,5 Mm. lang; Cephalothorax 4, Hinterleib 3,2 Mm. breit.

76 VERZEICHNISS DER etc. BRASILIANISCHEN ARACHNIDEN.

Beinpaare.	Femur.	Patella.	Tibia.	Tarsus.	Metatarsus.	Total.
I.	4	2,2	3	3	2,2	13,8 Mm.
II.	4	2,2	3	2,8	2	14,3 —
III.	3,5	2	3	2,8	2	14 —
IV.	4,8	2,4	4	»	»	» —

Ein Weibchen von Rio.

Diese Art vereinigt in sich die Gattungscharaktere von *Tarentula* und *Lycosa*, indem die Tarsen und Metatarsen der Beine bedeutend verschmächtigt sind, die Kopfbildung aber die von *Tarentula* ist.

Gатт. LYCOSA (Latr.).

39. **L.. MOLITOR** n. sp. (Fig. 26.)

Die vordere Augenreihe durch das Tiefersteben der Seitenaugen schwach gebogen, die Augen gleich weit von einander, die Stirnaugen beträchtlich grösser als die Seitenaugen; die zweite Augenreihe breiter als die erste (indem die Augen derselben die grössten sind; die Seitenaugen der ersten Reihe stehen gerade unter dem Centrum der Scheitelaugen); Zwischenraum zwischen den Scheitel- und vorderen Seitenaugen nicht ganz der Durchmesser der letzteren; die hinteren Seitenaugen etwas weiter von einander als die Scheitelaugen, wenig kleiner als diese und nicht ganz um ihren Durchmesser von denselben entfernt.

Mandibeln mässig lang, vorn hervorgewölbt; der obere Klauenfalzrand mit 3, der untere mit 4 Zähnchen. Unterkiefer die Unterlippe bogig umfassend; vorn schief abgestutzt, etwa doppelt so lang als die Unterlippe; diese aus schmaler Basis etwas verbreitert, vorn abgestutzt, länger als breit; Sterpum fast regelmässig elliptisch, hinten etwas zugespitzt.

Hinterleib vorn abgestutzt, sonst regelmässig eiförmig; Spinnwarzen mässig lang, die unteren etwas dicker und länger als die oberen.

Hautfarbe des Cephalothorax und seiner Theile rothgelb, Mandibeln braun; Cephalothorax, Mandibeln und Oberseite der Beine mit anliegenden, etwas gekräuselten weissen Häärchen bedeckt, an den Beinen und der Vor-

VERZEICHNISS DER etc. BRASILIANISCHEN ARACHNIDEN. 77

derseite der Mandibeln stehen dazwischen längere, braune Borsten; an der Seitenabdachung des Cephalothorax stehen die Häärchen etwas lockerer, wodurch 2 unregelmässig begrenzte dunkelere Seitenstreifen entstehen.

Hinterleib mit denselben weissen Häärchen bekleidet, dazwischen auf dem Rücken längere Borsten. Am Anfang des Rückens eine seitlich eingeschnittene, hinten zugespitzte braune, ungefähr in der Mitte endende Längszeichnung; davor und ausserhalb zwei dunkele Bogenstriche; hinten, etwas vor Beginn des letzten Viertels 2 kleine geschwungene Querstriche. Bauch etwas heller gefärbt; über der Genitalspalte verhornt, glatt und glänzend, etwas gebräunt; die unteren Spinnwarzen ebenfalls etwas gebräunt.

Beine an allen Gliedern (mit Ausnahme von Hüfte und Metatarsen) stark bestachelt; an den Metatarsen sowie an den Tarsen der beiden Vorderpaare eine nicht sehr dichte Scopula.

Schenkelglied der Taster schwach gebogen, so lang wie die beiden folgenden zusammengenommen, das Endglied etwas kürzer; ebenso gefärbt wie die Beine, das Endglied braun. Dieses von oben betrachtet in der Mitte erweitert, nach dem Ende hin zugespitzt; oben borstig, an den Rändern und unten in dem Endtheile zottig dicht behaart; an der Spitze selbst stehen zwischen den Haaren 4-5 braune Stacheln. Bulbus aus dem Schiffchen wenig hervorragend; in der unteren Hälfte hornig, im Endtheile häutig; in der Mitte der Länge ungefähr und der Aussenhälfte des Querdurchmessers erhebt sich der Vorderrand des verhornten Theiles in eine Leiste, deren innere Ecke zahnartig vorspringt; sonst sind keine Zähne etc. am Bulbus zu bemerken (Fig. 26 a; linker Taster schräg von innen und unten betrachtet).

Maasse: Cephalothorax 6,8, Hinterleib 6, ganzer Körper 13 Mm. lang; Cephalothorax 5,6, Hinterleib 4 Mm. breit.

Beinpaare.	Femur.	Patella.	Tibia.	Tarsus.	Metatarsus.	Total.
I.	5,5	3,1	6,4	6,4	4	28 Mm.
II.	6	3,1	5,6	6,4	4	27 —
III.	6	3	5	6	4	25 —
IV.	8	3,2	6,3	8,4	5	32,5 —

Ein Männchen, dem das rechte Vorderbein fehlt, das sonst aber vortrefflich erhalten ist, von Tijuca.

Fam. THERIDIADAE.

Gatt. THERIDIUM Walck.

40. T. HAEMORRHOIDALE n. sp.

Cephalothorax eiförmig, ziemlich regelmässig, aber schwach gewölbt, mit flachem Rücken und einem im hinteren Drittel befindlichen runden Eindruck. Beide Augenreihen *procurvae*, die Mittelaugen ein Rechteck bildend, dessen längste Seite mit der Körperachse zusammenfällt; Seitenaugen auf einer seitlich etwas vorragenden Erhöhung; Stirn unter den Augen etwas zurückweichend, und dann zu den Mandibeln wieder vorgestreckt. Diese schräg nach unten und vorn gerichtet; Basalglied schwach, etwas kürzer als die Entfernung der vorderen Augenreihe vom Stirnrande beträgt, Unterkiefer lang, fast bis zur Spitze des Basalgliedes der Mandibeln reichend, die beiderseitigen Innenränder parallel, die Aussenränder von der breiteren Basis an sich dem Innenrande nähernd, die Unterkiefer daher zugespitzt. Unterlippe kurz, fast halbkreisförmig; Sternum dreieckig; Beine in dem Verhältniss 1, 4, 2, 3.

Hinterleib kurz, sehr hoch (wie bei unserem *T. lunatum;* von der Brust bis zu den Spinnwarzen 3, vom Bauche bis zur höchsten Stelle des Rückens 5 Mm.); Epigyne als kleines, spitz dreieckiges Hornzäpfchen vorragend.

Die Farbe des Cephalothorax und aller seiner Theile schmutzig lehmgelb; die Augen stehen in schwarzen Ringen, die Stirnaugen sind ausserdem schwarz pigmentiert; hinter den Scheitelaugen 2 Wische und ein Seitenband dunkeler. Mandibeln beinfarben; Beine schwarz gesprenkelt; die schwarzen Flecken am Ende der Glieder, auf der Unterseite, fast einen Halbring bildend.

Die Farbe des Hinterleibes ist schmutzig blassgelb, mit rothbraunen Flecken, die sich hin und wieder zu grösseren vereinigen; über die Mitte verläuft, vom höchsten Punkte des Rückens beginnend, eine drei Mal durch Braun unterbrochene schmale, hellgelbe, fast weisse Längslinie bis zum

After. Ueber dem letzteren eine breite Querbinde, die an ihren Enden nach vorn umbiegt, ebenfalls weiss; vor Beginn der hellen Mittellinie, etwas ausserhalb derselben, zieht sich eine schmale, vorn braun begrenzte helle Linie seitlich herunter zum Bauche; die dreimaligen braunen Unterbrechungen der hellen Mittellinie verlängeren sich seitlich, die erste am stärksten. Der Bauch und die Seiten sind dunkel und blassgelb gemischt.

Körper 6, Beinpaar I = 15,5, II = 10,5, III = 8, IV = 12 Mm. lang.

Nach einem ♀ Exemplar von Rio, dessen Hinterleib verletzt ist; die Beschreibung daher vielleicht nicht ganz zutreffend.

Fam. PACHYGNATHIDAE.

Gattung TETRAGNATHA Latr.

41. T. CLADOGNATHA n. sp. (Fig. 27.)

Cephalothorax länglich, flach; Rückengrube ungefähr in der Mitte; Kopftheil durch von der Rückengrube ausgehende Furchen abgesetzt. Beide Augenreihen *recurvae*, die Stirnaugen näher beisammen als bei den vorderen Seitenaugen; die Augen der hinteren Reihe gleich weit von einander entfernt. Die Stirnaugen sind die grössten, die vorderen Seitenaugen die kleinsten, der Unterschied der Grösse übrigens nicht bedeutend.

Basalglied der Mandibeln von der Länge des Cephalothornx, dünn; das Ende etwas verdickt; von der Basis in regelmässigem Bogen auseinanderfahrend, an der Spitze ungefähr um ihre Länge von einander entfernt. Oben, am Ende, steht ein kleines Zähnchen; am oberen Klauenfalzrande zunächst ein grosser, gerader, nach innen gerichteter Zahn; dann folgt eine Lücke und von der Mitte an 7 in regelmässiger Linie angeordnete Zähnchen, die vom zweiten an regelmässig kleiner werden und deren letztes ungefähr da steht, wo die Unterkiefer enden (dahinter folgen noch 2-3 sehr kleine, die vorhin nicht mitgezählt sind); am unteren Klauenfalzrande steht vorn ein stumpfer, dahinter ein grösserer spitzer, schräg nach vorn gerichteter Zahn;

darauf folgt noch eine Reihe kleinerer Zähnchen, deren ich 15 zähle und die sich hinten allmählich verlieren; die (4) ersten stehen weit aus einander in einer etwas gekrümmten Linie; gegenüber dem zweiten des oberen Randes und von da abwärts stehen sie dichter beisammen und in einer geraden Linie. Die Klaue ist in der ersten Hälfte stark halbkreisförmig, im letzten Viertel derselben überdies auch nach unten gekrümmt und davor oben mit einem starken, am Ende unten mit einem kleineren Haken versehen; die Endhälfte ist fast gerade und allmählich zugespitzt.

Die Unterkiefer sind lang, nach aussen gebogen, am Ende gerundet abgestutzt, die Unterlippe um mehr als das Doppelte überragend, am Ende auch seitlich über die Mandibeln hervorragend; Sternum länglich herzförmig. Beine in dem Längenverhältniss 1, 4, 2, 3, ohne besondere Auszeichnung.

Hinterleib von der Mitte an verschmälert, im hinteren Theile querfaltig.

Cephalothorax mit seinen Theilen beingelb, Kopftheil hinten dunkler; Unterkiefer vorn an der Innenseite mit einem eiförmigen hellen Fleck, in dem ein dunkeles Pünktchen sichtbar ist; Unterlippe dunkeler, vorn hell gerandet; Klaue der Mandibeln dunkelbraun.

Hinterleib dunkel olivenfarben; in den Seiten verläuft eine vorn im Bogen sich vereinigende hellere, hinten schmäler und fast weisse, vorn breitere und weniger helle Linie; das von derselben umschlossene Feld ist heller als der übrige Theil des Hinterleibes, vorn mit einem dunkelen Mondfleck, an den sich hinten je ein kleinerer Längsstrich und dann eine Wellenlinie anschliesst, die zusammen eine Art laubblattähnlicher Zeichnung auf dem Rücken herstellen. Am Bauche laufen von den Stigmen 2 helle Längslinien aus, die hinten schmäler, aber deutlicher werden.

Maasse: Cephalothorax 4, Hinterleib 8; ganzer Körper (excl. Mandibeln) 11,5 Mm. lang; Cephalothorax und Hinterleib an der breitesten Stelle 2,5 Mm. breit. Beinpaar I = 45, II = 21, III = 10, IV = 29; Taster 5,5 Mm. lang.

Ein Weibchen von Rio.

Fam. EPEIRIDAE.

Gatt. META C. L. Koch.

42. M. FORMOSA (Blackw.). (Fig. 28.)

Syn. **Tetragnatha formosa**; Blackwall, Ann. a. Mag. Nat. Hist. (3) XI, p. 42.

Obwohl ich nach der Beschreibung Blackwall's an der Identität der mir vorliegenden Art nicht zweifele, so will ich doch einige Punkte hervorheben, die Blackwall's Beschreibung ergänzen können.

Cephalothorax abgestutzt, umgekehrt herzförmig, flach, mit tiefer querer Rückengrube und starken, den Kopftheil abgrenzenden Furchen; dieser selbst ebenfalls wenig erhoben. Mittelaugen in einem Rechteck stehend, das länger als breit ist; die vorderen Seitenaugen sehr hoch hinaufgerückt, so dass eine gemeinschaftliche Tangente an den *oberen* Rand der Stirnaugen eben ihren *unteren* Rand berühren würde; die hinteren Seitenaugen die vorderen berührend, alle Augen nahezu von gleicher Grösse.

Mandibeln kräftig, vorn regelmässig hervorgewölbt, kurz, nicht divergirend; am oberen Klauenfalzrande 3, am unteren 4 Zähnchen. Unterkiefer lang rechteckig, vorn nach aussen etwas verbreitert und breit zugerundet; Unterlippe ebenfalls rechteckig, vorn abgerundet, um die Hälfte kürzer als die Unterkiefer.

Sternum herzförmig, gewölbt, vorn mit langen, abstehenden Haaren bekleidet; Beine in dem Verhältniss 1, 2, 4, 3 stehend; das erste doppelt so lang als das dritte.

Hinterleib kurz walzenförmig, vorn bedeutend über den Cephalothorax hervorgewölbt; Epigyne (Fig. 28a) eine lange rechteckige, etwas hervorragende Platte, die am unteren abgeschrägten Ende eine quer-elliptische Vertiefung mit longitudinalem Mittelbalken trägt.

Cephalothorax von eigenthümlich gelbgrau durchscheinender Farbe; von der tiefen Rückengrube strahlen feine dunkele Linien aus, von denen (bei dem einen Exemplar) 2 parallel nach hinten laufende besonders deutlich sind; Augen in einem schwarzen Ringe; die Stirnaugen schwarz pigmentiert. Mandibeln an der Spitze geschwärzt, Kralle an der Basis ebenso, am Ende braunroth. Unterkiefer und Unterlippe dunkel.

Hinterleib oben und an den Seiten silberfarben, am Bauche schmutzig gelbgrün durchscheinend. Ueber die Mitte des Rückens zieht sich ein, an den Seiten je 3 Längsstreifen von derselben Farbe, wie der Bauch hat. Die Seitenstreifen sind vorn abgekürzt, resp. unterbrochen; der dem Mittelstreifen zunächst liegende setzt sich mit demselben durch 3-4 Aeste in Verbindung und geht hinten durch einen starken Ast in den mittleren der Seitenstreifen über; der äusserste derselben ist hinten mit einzelnen silbernen Flitterchen gemischt. Bauch mit einer halbkreisförmigen bis kreisförmigen Silberzeichnung. Beine schwach behaart; Schenkel mit Ausnahme des ersten Paares wenig, Schienen stärker bestachelt.

Maasse : Cephalothorax 3, Hinterleib 6, ganzer Körper 7,4 Mm. lang (des grösseren Exemplars, das kleinere ist nur 5,3 Mm. lang); Cephalothorax 2,5, Hinterleib 3 Mm. breit.

Beinpaar I = 18, II = 15,5, III = 9, IV = 13 Mm. lang.

Zwei Weibchen; das eine von Tijuca, das andere von Copa Cobana.

Die Art gehört, wie auch Blackwall angiebt, zu *Tetragnatha coadunata* Walckenaer's (*Aptères*, II, p. 219); in seinen *Spiders of Great Brit. a. Irel.* definirt Blackwall die Gattung *Tetragnatha* so, dass diese Art nicht dazu gehören würde, sondern zu *Epeira*, wohin er auch unsere *Meta segmentata* stellt. Die zusammenstossenden Seitenaugen machen es auch nach Thorell (*On Europ. Spid.*, p. 50) unmöglich, die Art zu *Tetragnatha* zu stellen. Wie ich früher wiederholt gezeigt habe, ist die Gattung *Tetragnatha* (wie *Pachygnatha*) durch den Mangel einer eigentlichen Epigyne ausgezeichnet; der Eingang zu den Samentaschen findet sich (wie bei den *Tetrasticta*, *Scytodes* u. a.) in einer äusserlich von der Mündung der Eileiter nicht zu unterscheidenden Querspalte; zudem hat unsere *T. extensa* neben den paarigen eine unpaare mediane Samentasche. Ich lege auf diese Verhältnisse, sowie auf die bei *Tetragnatha* auseinanderfahrenden Mandibeln für die

VERZEICHNISS DER ETC. BRASILIANISCHEN ARACHNIDEN. 83

Unterscheidung der Gattungen (resp. Familien) mehr Gewicht, als auf die Augenstellung.
(Hentz beschrieb 1847 (im *Journal Bost. Soc. Nat. Hist.*, V, p. 477, Pl. XXXI, Fig. 19; vgl. *Occas. Pap. Bost. Soc. Nat. Hist.*, II, p. 118, Pl. XIII) eine *Epeira hortorum* (nicht *hastarum*), die vielleicht dieselbe Art ist. Nach den Maassen, die Emerton (*Occas. Pap.*, p. 118) angiebt, ist die nordamerikanische Art etwas kleiner und das dritte Beinpaar fast nur der dritte Theil von dem ersten. Hentz's kurze Beschreibung reicht zur Entscheidung der Frage nicht aus).

GATT. NEPHILA (Leach).

43. N. BRASILIENSIS (Walck.). (Fig. 29.)

Syn. **Epeira brasiliensis**; WALCKENAER, *Aptères*, II, p. 101.

Die etwas knappe Beschreibung Walckenaer's passt auf die mir vorliegenden Exemplare vollkommen; nur scheint Walckenaer kleinere Individuen vor sich gehabt zu haben.

Cephalothorax hinten in den Seiten gerundet, vorn verschmälert, Kopftheil sehr stark erhoben. Beide Augenreihen *recurvae*, die Mittelaugen näher bei einander als bei den Seitenaugen, ein Quadrat bildend, die Stirnaugen die grössten. Stirn unter den Augen zurückweichend.

Mandibeln kräftig, an der Basis wenig hervorgewölbt, dann ebenfalls zurückweichend; beide Klauenfalzränder mit 3 Zähnchen; oben ist der mittlere, unten der hintere der grösste; Klaue kurz, aber kräftig.

Unterkiefer und Unterlippe von der der Gattung eigenthümlichen Gestalt; Sternum dreieckig-herzförmig; Beine in dem Verhältniss 1, 2, 4, 3; Hinterleib eiförmig; die Epigyne (Fig. 29) hat die Gestalt einer queren Grube, die hinten von einer scharfen, schmalen Leiste umgeben ist.

Cephalothorax und Hinterleib mit weichen, greisen Haaren und starken, schwarzen Borsten sehr locker bekleidet; Schenkel der Beine mit wenigen, schwachen, langen Stacheln; die Endglieder stärker behaart.

Die Färbung dieser Art ist sehr variabel; vielleicht hängen indessen die Verschiedenheiten mit Altersunterschieden resp. dem Eierlegen zusammen. Folgendes scheint die charakteristische Färbung zu sein : Sternum glänzend gelb, seitlich mit sehr schmalem, dunkelem Saum; Beine an den Enden der Glieder dunkel geringelt; Bauch mit 4 hellgelben Flecken, zu denen noch 2 mehr auswärts gelegene mittlere hinzutreten; die vorderen sich nach aussen verschmälernd und in eine vorn über den Anfang des Rückens laufende, breitere Binde fortsetzend; das zweite (etwas nach aussen gelegene) Paar sich ebenfalls gewöhnlich in eine nach vorn und oben ziehende Linie verschmälernd; bei den meisten Exemplaren sind dahinter, und parallel mit ihr, 2 weitere Schräglinien, von denen sich die vordere selten mit dem Hinterrande des dritten Fleckenpaares in Verbindung setzt und die hintere zu den oberen Spinnwarzen hinzieht.

Bei den meisten Exemplaren ist die Grundfarbe des Cephalothorax dunkelbraun, fast schwarz, die Beine dunkelbraun, so dass die dunkelen Ringe nur undeutlich sind; Grundfarbe des Hinterleibes olivengrün. Bei anderen Exemplaren sind der Cephalothorax und die Beine gelb bis röthlich braun, die dunkelen Kniee und Ringe daher deutlich; Rücken des Hinterleibes gelb, dunkeler gesprengelt; Bauch dunkel mit den charakteristischen Flecken, auch die Seiten dunkeler, so dass sich die 3 hellen Schräglinien deutlich abheben; dieselben gehen gewöhnlich am Ende durch bogenförmige Verbindungslinien in einander über, und bilden so über den Rücken ein an den Seiten hell begrenztes, ausgezacktes Blatt.

Maasse : Cephalothorax 10, Hinterleib 14, ganzer Körper 20-21 Mm. lang; Cephalothorax 8,5, Hinterleib 12 Mm. breit; Beinpaar I = 36, II = 32, III = 20, IV = 34 Mm. lang.

Die Art scheint sehr verbreitet und häufig zu sein : es liegen Exemplare (nur ♀) von Tijuca (5), Botafago (7), Rio (5), Copa Cabana (1), Guandu (1) vor.

44. N. CLAVIPES (L.).

Syn. **Aranea clavipes**; Linné, *Syst. nat.*, ed. XII, p. 1034, n° 27.
Epeira clavipes; Hahn, *Arachn.*, I, p. 118; Tab. XXXII, Fig. 89a, B, C.
Nephila clavipes; C. L. Koch, *ibid.*, V, p. 31; Tab. CLII, Fig. 334 [1].
Epeira vespacea; Walckenaer, *Aptères*, II, p. 98.

Die beiden letzten Citate beziehen sich (aber ohne ihre sämmtlichen Synonyme) ohne Zweifel auf diese Art, von der mir 3 Exemplare, 2 von Copa Cobana, 1 von Tijuca, vorliegen. Eines der ersteren ist noch nicht ganz ausgewachsen und sein Hinterleib ist etwas defect; die beiden anderen sind wohlerhaltene Weibchen. Bei dem ersteren sind die Haarbüschel an den Beinen noch nicht sehr deutlich; bei den ausgewachsenen Exemplaren hat der Cephalothorax an der Stelle, wo bei *N. Senegalensis, fasciculata* etc. die beiden Hörnchen stehen, kleine, aber immerhin bemerkbare Knötchen, die namentlich nach Hinwegnahme der Silberhaare sichtbar werden.

Dass diese Art (und nicht *A. fasciculata* De G.) den Linné'schen Namen erhalten muss, scheint mir unzweifelhaft, wenn auch die (von Gmelin besorgte) 13. Ausg. des *Syst. nat.* die Art mit einer *Lycoside* zusammenwarf, wie aus der Augenstellung hervorgeht und was zuerst Fabricius in seiner *Entom. syst. m.*, III, 2, p. 420 veranlasst zu haben scheint; das Citat Linné's ist daher auch nur mit Ausschluss der späteren Ausgabe anzunehmen und das Fabricius' ganz zurückzuweisen, obwohl Hahn, Koch und Walckenaer es ohne Anstand aufnehmen. Walckenaer behauptet, die Linné'sche Art gehöre zu seinen *Tuberculatae*, wozu nach der Beschreibung Linné's nicht die geringste Veranlassung vorliegt. Allerdings lässt sich nach der kurzen Diagnose Linné's (*A. abdomine oblongo, tibiis excepto tertio pari clavatis villosis*) die Art nicht sicher erkennen; Linné citiert aber ausserdem

---

[1] Die Zahlen bei den Figuren auf Tafel CLII sind verwechselt, und dadurch wird sowohl Koch's Citat, p. 31 (Fig. 333), als auch die Figurenerklärung am Fusse der Tafel unrichtig; Figur 334 stellt *N. clavipes* Koch, 333 *N. fasciculata* dar; die Auseinandersetzungen Walckenaer's (a. a. O., p. 99) über diese Verwechselung sind ganz confus; eine *N. plumipes* kommt auf dieser Tafel überhaupt gar nicht vor.

Browne, *Hist. of Jamaica*, p. 419, Taf. XLIV, Fig. 4, wo in der etwas ausführlicheren Beschreibung und Abbildung Browne's ebenfalls kein Anhaltepunkt gegeben ist, dass die Art einen gehöckerten Cephalothorax habe. De Geer seinerseits beschrieb als *A. fasciculata* eine Art mit gehöckertem Cephalothorax (*Abh. z. Gesch. d. Ins.*, VII, p. 124, Tab. XXXIX, Fig. 1-4), freilich zugleich Linné und Browne citirend. Da er aber der Art einen anderen Namen giebt und sie zugleich deutlich beschreibt, so muss der De Geer'sche Name als der älteste [1] für die gehörnte Art adoptiert werden, und der Linné'sche Name, der zuerst von C. L. Koch mit vollem Bewusstsein des Unterschiedes auf eine ungehöckerte Art bezogen wurde, für diese beibehalten, und demnach *E. vespucea* Walck. zu den Synonymen gestellt werden.

GATT. EPEIRA (Walck.).

45. E. BIPLAGIATA n. sp. (Fig. 30.)

Cephalothorax länglich, vorn verschmälert, ziemlich hoch; Kopftheil durch tiefe Furchen deutlich abgesetzt. Mittelaugen fast ein Quadrat bildend, die hinteren kaum merklich näher beisammen als die vorderen; diese um ihren Durchmesser von einander entfernt; Seitenaugen von den Mittelaugen etwa um das $3\frac{1}{4}$-fache des Durchmessers entfernt, einander berührend.

Mandibeln an der Basis mässig hervorgewölbt, am Ende verschmälert; Klaue kurz und nicht sehr stark; Unterkiefer weit aus einander stehend, die Unterlippe kurz und breit, halb so lang als die Unterkiefer. Beine kurz und nicht sehr stark, locker mit feinen Haaren bekleidet, in dem Verhältniss 1, 2 — 4, 3.

---

[1] Allerdings ist Pallas' Name, *Aranea cornuta*, SPICILEG. ZOOL., IX, p. 44 (1772) älter, kann aber wegen *Araneus cornutus* Clerck [= *Epeira cornuta* (Clck.)] nicht bestehen. Pallas bemerkt bei seiner Art ausdrücklich die Hörner und spricht die Vermuthung aus, dass Browne dieselbe Art vor sich gehabt habe; doch könne er dies jetzt, wo er die Abbildung nicht vergleichen könne, nicht entscheiden.

Hinterleib eiförmig, hinten zugespitzt, Rücken sehr hoch gewölbt, mit kurzen Haaren bekleidet.

Die Grundfarbe des ganzen Körpers ist dunkel-olivengrün, am Hinterleibe etwas ins Bräunliche spielend; an den Seiten desselben verläuft je ein hellgelber bis weisser, manchmal röthlich angeflogener Längsstreif, der an der Aussenseite durch vom Bauch heraufziehende dunkele Schattenstriche bisweilen eingekerbt erscheint.

Maasse: Cephalothorax 3,1, Hinterleib 4,5, ganzer Körper 7 Mm. lang. Beinpaar I = 5, II = 4,5, III = 3, IV = 4,5 Mm.

Alle (26) Exemplare dieser kleinen Art stammen von São João del Ré oder Thérésopolis und sind unentwickelte Weibchen.

Die Art ist mit *E. sanguinalis* Hentz (*Journ. Bost. Soc. Nat. Hist.*, V, p. 476, Pl. XXXI und *Occas. Papers*, p. 116, Pl. XIII, Fig. 15) nahe verwandt und vielleicht identisch; aber bei keinem der mir vorliegenden Exemplare finden sich die *three central spots* weisser Farbe über den Rücken; die Augenstellung scheint (Pl. XVIII, Fig. 62) ganz dieselbe zu sein.

46. **E. CAERULEA** n. sp. (Fig. 31.)

Cephalothorax herzförmig, mässig erhoben; Rückengrube tief und quer; Kopffurche deutlich. Die Mittelaugen bilden ein Trapez, indem die Scheitelaugen näher beisammen stehen als die Stirnaugen; die vordere Augenreihe ist *procurva*, die hintere *recurva*.

Mandibeln kurz, aber kräftig; an der Basis regelmässig hervorgewölbt, der obere Klauenfalzrand mit 4 Zähnchen, von denen das erste und dritte grösser ist, der untere mit 3 gleich grossen. Unterkiefer und Unterlippe ohne Auszeichnung; Beine in dem Verhältniss 1, 2, 4, 3, behaart und bestachelt.

Hinterleib breit eiförmig, vorn stark über den Cephalothorax hervorragend, hinten zugespitzt; Epigyne hervorragend, Nagel S-förmig gebogen, quer geringelt (Fig. 31 a).

Cephalothorax und Beine sind schmutzig gelb, ein breites Seitenband des Cephalothorax (den äussersten Saum freilassend), bisweilen auch die Mittellinie, Schenkel (und Ringe an den Schienen der beiden ersten Paare), Ende der Schienen der beiden letzten Paare dunkeler. Hinterleib einfarbig grün, etwas ins Bläuliche spielend; bei einigen Exemplaren vorn querüber ein mondförmiger, gelber oder röthlicher Streif.

Maasse : Cephalothorax 5, Hinterleib 9, ganzer Körper 12,5 Mm. lang; Cephalothorax 4,5, Hinterleib 7,5 Mm. breit.
Beine : I = 16, II = 15, III = 10, IV = 13,6 Mm.

Vier Weibchen von Rio Grande, deren Hinterleib z. Th. durch zu schwachen Alkohol verdorben ist.

47. **E. GRAYI** Blackwall; *Ann. a. Mag. Nat. Hist.* (3) XI, p. 54.

Syn. (?) **E. Grayi**; Keyserling, *Verh. Z. B. Ges. Wien*, XV, p. 809; Taf. XVIII, Fig. 9-10.

Von dieser Art liegen 4 Exemplare vor, die vollständig mit Blackwall's Beschreibung übereinstimmen; 2 sind entwickelte Weibchen, 2 Männchen vor der letzten Häutung; sie fanden sich alle in dem Glase mit der Bezeichnung Thérésopolis oder São João del Ré.

Keyserling's Citat ist mir etwas zweifelhaft, da er auf dem Cephalothorax einen schwarzen Mittelstrich beschreibt, den weder Blackwall erwähnt, noch ich bei einem der 4 Exemplare sehe. Ferner sind die Stirnaugen *beträchtlich* (nicht, wie Keyserling sagt, *etwas*) kleiner als die Scheitelaugen; die Beine sind *deutlich* geringelt; den Hinterleib giebt Keyserling als fast drei Mal so lang als breit an; Blackwall beschreibt ihn als « oblong-oviforme »; bei einem wohlgenährten ♀ ist er nicht ganz doppelt so lang als breit (8,5 Mm. lang, 4,5 Mm. breit), bei einem zweiten sehr schmalem etwas über doppelt so lang (6,2 Mm. lang, 3 Mm. breit); der mittlere Höcker vorn am Hinterleib ragt nicht so stark vor, wie Keyserling angiebt; die Stacheln an den Beinen sind nicht nur an den Schenkeln, wo sich vorn 3-4 befinden, sondern auch an den übrigen Gliedern recht deutlich, u. s. f.

Blackwall erhielt seine Exemplare von Rio de Janeiro; Keyserling beschrieb die Art aus Neu-Granada und Uruguay.

48. E. UNDULATA n. sp. (Fig. 32.)

♀. Kopf vom Thorax deutlich abgesetzt und beträchtlich über denselben erhoben; mit langen greisen Haaren bekleidet. Die Mittelaugen bilden ein Rechteck, indem die Stirnaugen von den Scheitelaugen weiter entfernt sind als von einander; die Stirnaugen unbedeutend grösser als die Scheitelaugen. Mandibeln kurz, aber kräftig, an der Basis stark knieartig hervorgewölbt. Unterlippe fast halbkreisförmig; Sternum lang herzförmig. Füsse in dem Verhältniss 1, 4, 2, 3.

Der Hinterleib ist länglich, an der breitesten Stelle unbedeutend breiter als der Cephalothorax, hinten zugespitzt, mehr als anderthalbmal so lang als breit, vorn mit 1, an den Seiten mit je 3 Beulen; über den Rücken flach, am Ende etwas aufwärts gerichtet; die Bauchseite kürzer als die Rückenseite.

Cephalothorax braunroth, Unterkiefer, Unterlippe und Sternum gelblich; die Beine gelblich durchscheinend, schwarz geringelt. Hinterleib oben gelblich weiss, zu beiden Seiten der Mitte eine undeutliche Reihe schwarzer Längswische, von denen wenigstens ein Paar zu beiden Seiten der (vorn befindlichen) Mittelbeule und ein zweites, dahinter und auswärts gelegenes Paar grösserer zwischen den vorderen Seitenbeulen übrig bleiben; Seitenbeulen und Hinterleibsspitze schwarz. Bauch ebenfalls schwarz; in der Mitte eine trapezförmige gelbe Linie, die sich nach hinten zu den schwarzen Spinnwarzen zieht.

Epigyne (Fig. 32*b*) breit herzförmig, Nagel kaum entwickelt; der vordere Theil verhornt; der hintere weichhäutig, von stark verhorntem Rande umgeben und der Länge nach von einer weniger verhornten Leiste durchzogen, die mit einer feinen Furche versehen ist.

Maasse : Länge des Cephalothorax 6, Abdomens 11; Breite des Cephalothorax 5,2, Abdomens 6,2; Beinpaar I = 21, II = 19, III = 13, IV = 20 Mm.

Bei dem kleineren ♂ sind die Mandibeln (Fig. 32*a* Kopf von vorn) weit schwächer, senkrecht abfallend und etwas nach aussen gekrümmt, an der

Basis mit einem Wulst; der Hinterleib lässt die Beulen fast ganz vermissen; die Rückengrube des Cephalothorax lang und der Kopf wenig über den Thorax erhoben, vorn zugespitzt, die Scheitelaugen stark hervorragend. Die Taster sind wie gewöhnlich kurz; das dritte Glied oben mit einem kleinen Knötchen, das eine aufgerichtete, gebogene schwarze Borste trägt; das vierte Glied aus schmaler Basis plötzlich nach aussen verbreitert, viel breiter als lang; Endglied so gedreht, dass das muschelförmige Schiffchen nach der Innenseite zu liegen kommt. Das letztere ist an seiner Basis nach aussen in den bei Epeiramännchen gewöhnlich vorkommenden Fortsatz verlängert, der an seinem Ende verdickt und oben eingedrückt ist, das vierte Glied seitlich nicht überragend. Die Uebertragungsorgane (Fig. 32 c) lassen auf der Unterseite 5 grössere Hervorragungen erkennen, von denen 3 am Aussenrande und 2 an der Spitze liegen. Die beiden unteren der ersteren hängen mit einander zusammen und die hinterste liegt fast in der Mitte des Aussenrandes; beide sind fast gleich gross, länglich stumpf, die dritte ist dreieckig; von den beiden an der Spitze befindlichen ist die vorderste schräg vorwärts gerichtet, die dahinter liegende etwas hakenförmig gekrümmt; neben denselben bemerkt man bei geeigneter Stellung ein kleines Zähnchen; dasselbe wird sichtbar, wenn man die Unterseite des Tasters schräg von hinten so betrachtet, dass die beiden an der Spitze befindlichen Zähne sich decken.

Maasse : Länge des Cephalothorax 4,8, Abdomens 6; Breite des Cephalothorax 4,5, Abdomens 4,8; Beinpaar I = 19, II = 16, III = 12, IV = 16,5 Mm.

Es liegen von dieser, wie es scheint, nicht seltenen Art, 3 ♂ und 10 ♀ von Copa Cobana vor.

E. albostriata Keyserling (*Verh. Zool. Bot. Ges. Wien*, XV, p. 815, Taf. XIX, Fig. 27, 28) scheint eine nahe verwandte Art zu sein, die sich von *E. undulata* durch das Fehlen der Beulen am Hinterleibe und durch die Stellung der Mittelaugen im Quadrat unterscheidet, während bei *E. undulata* die beiden Augenreihen weiter von einander entfernt sind, als die einzelnen Augen derselben Reihe von einander.

49. **E. 12-TUBERCULATA** n. sp. (Fig. 33.)

Cephalothorax breit herzförmig, vorn gerade abgestutzt; Rückengrube im hinteren Drittel; Kopftheil erhöht, fast in Gestalt eines Fünfecks, von dessen Seiten 2 sich in der Rückengrube vereinigen, 2 andere parallel sind. Die Mittelaugen bilden ein Trapez, dessen Höhe die grösste Breite noch etwas übertrifft; die Stirnaugen grösser und weiter von einander entfernt als die Scheitelaugen; die Seitenaugen von den Mittelaugen $2\frac{1}{2}$-3 mal so weit als die beiden Stirnaugen von einander entfernt, einander genähert, doch nicht berührend; die vorderen schräg nach vorn und unten sehend und auf der concaven Unterseite eines wulstförmigen Höckers stehend; alle Augen in schwarzen Ringen.

Die Mandibeln sind mässig lang, kegelförmig, an der Basis nur wenig hervorgewölbt, an der Spitze etwas divergirend; oberer Klauenfalzrand mit 4, unterer mit 3 Zähnchen; Klaue kurz, aber kräftig. Die Unterkiefer sind abgerundet fünfeckig, so breit als lang; Unterlippe fast halbkreisförmig; Sternum stumpf herzförmig, mit zu der Basis des zweiten und dritten Beinpaares gehenden Leisten. Beine in dem Verhältniss 1, 2, 4, 3.

Der Hinterleib ist von dreieckig ovaler Gestalt, am Ende senkrecht zum After und zu den Spinnwarzen abfallend; in ? der Länge erheben sich an den Seiten 2 kräftige Schulterhöcker, dahinter am Seitenrande noch 4 andere, von denen der vordere, schräg unter und ausserhalb des Schulterhöckers liegende der kleinste ist; am Ende des Rückens liegen ebenfalls 2 Höcker hintereinander; alle diese Höcker enden in ein glattes, glänzendes Knötchen. Der Nagel der Epigyne (Fig. 33c) ist gerade lang gestreckt und quer geringelt, dem Bauche fest anliegend; an der Basis, an der Hinter- (d. h. dem Bauche zugewandten) Seite befinden sich 2 Wülste, welche ein vorn in eine Spitze ausgezogenes rundliches Körperchen zwischen sich nehmen (Fig. 33d).

Die Farbe des Cephalothorax und aller seiner Theile ist gelb, der Rand des Cephalothorax unter den Seitenaugen, Spitze des Basalgliedes der Mandibeln, Klaue, Vorderrand der Unterkiefer mehr oder weniger braunroth bis schwarz. Soweit der Cephalothorax hinten nicht von dem überragenden

Hinterleibe bedeckt ist, ist derselbe mit langen greisen, weichen Haaren bekleidet, die namentlich bei den Seitenaugen am längsten sind; das Sternum ist am Rande stärker behaart als in der Mitte, die fast nackt ist. Die Tarsen und Metatarsen der Beine sind etwas dunkeler und undeutlich geringelt; die Beine bestachelt und behaart, die Stacheln z. Th. einfarbig braun, z. Th. braun und weiss. Die Gelenkhaut zwischen Oberschenkel und Knie, namentlich an den vorderen Paaren, violettroth, die Behaarung meist blassgelb, an Tarsus und Metatarsus dunkel.

Die Farbe des Hinterleibes ist violettröthlich, mit kleinen, blassgelb durchscheinenden Flecken; im vorderen Theile, zwischen und vor den Schulterhöckern meist etwas dunkeler, in den Seiten, aber noch innerhalb der Seitenhöcker, eine Wellenlinie, wodurch auf dem Rücken eine laubblattähnliche Zeichnung entsteht. Bauch mit 2 gelblichen länglichen Flecken, die zwischen Stigmen und Spinnwarzen liegen.

Maasse: Cephalothorax 6, Hinterleib 8 Mm., ganzer Körper 12 Mm. lang. Beine : I — 21, II — 19, III — 12,5, IV — 17 Mm.

Die Art scheint in Brasilien weit verbreitet zu sein; es liegen Exemplare von Tijuca (3), Rio (1), entre Cap Irmao et Cap Gavia (1), Copa Cobana (3) vor. Die Färbung variiert etwas; junge Exemplare sind dunkeler gefärbt und die Beine deutlicher geringelt. Bei einem ausgewachsenen ♀ zieht sich mitten über den Rücken eine helle schmale Linie, von den Schulterhöckern ziehen sich 2 breitere geschwungene convergirend nach vorn; bei diesem Exemplar ist auch in der hinteren Hälfte ein dunkeleres dreieckiges Feld sichtbar, dessen Spitze an dem vordersten Mittelhöcker, und dessen Basis zwischen den zweiten Seitenhöckern liegt. Bei einem jungen ♂ ist der Rücken grösstentheils hell, das vordere Dreieck und die Seiten nebst Bauch braunroth; bei einem sehr jungen Exemplar ist die laubblattähnliche Zeichnung des Rückens mit wellenförmigem Rande deutlicher, die seitlichen Höcker verhältnissmässig schwächer, die Mittelhöcker dafür grösser. Obwohl die meisten ♀ entwickelt sind, sind die 3 ♂ alle unentwickelt.

Diese Art gehört zur 6. Fam., 2. race Walckenaer's (*Triangulariae gibbosae, multigibbosae*), von der Walckenaer nur die eine Art, *E. mexicana*, aufführt, die hinten *einen* Höcker hat. Nahe verwandt sind *E. audax* Blackw.

VERZEICHNISS DER etc. BRASILIANISCHEN ARACHNIDEN. 93

(*Ann. a. Mag. Nat. Hist.* (3), XI, p. 29) von Rio, bei der 14 Höcker (hinten 3 in einer Linie) vorhanden sind, und *E. meridionalis* Keys. (a. a. O., p. 810, Taf. XIX, Fig. 19, 20) von Uruguay. Namentlich die letztere Art stimmt in Einzelheiten so sehr mit der mir vorliegenden überein, dass man versucht sein könnte, sie für identisch zu halten, wenn nicht Keyserling seiner Art (wie *E. audax*) auch vorn einen mittleren Höcker zuschriebe, der noch dazu der grösste sein soll, und an den Seiten (incl. den Schulterhöckern) nur 4 beschriebe. Sollte Keyserling die beiden kleinen, dicht bei den Schulterhöckern liegenden übersehen haben, so würde ich an der Identität nicht länger zweifeln, da bei einigen Exemplaren der Vorderrand in der Mitte etwas kegelförmig erhoben ist. *Diesem Höcker aber* (wenn man ihn so nennen will) *fehlt das bei den anderen 12 erwähnte glänzende Knötchen.*

GATT. ARGIOPE Sav. et Aud.

50. **A. ARGENTATA** (F.). (Fig. 34.)

Syn. **Aranea argentata**: FABRICIUS, *Entom. systemat.*, II, p. 414, n° 27.
Argyopes argentatus; C. L. KOCH, *Arachn.*, V, p. 38, Tab. CLIV, Fig. 360.
Epeira argentata; WALCKENAER, *Aptères*, II, p. 113.

Von Copa Cobana liegen 2 Weibchen dieser Art vor, von denen das eine entwickelt zu sein scheint. Das Ende des Hinterleibes ist übrigens bei diesen beiden Exemplaren nicht dunkel, wie Koch und Walckenaer angeben, sondern gelb gefärbt. Ferner sei noch bemerkt, dass das Hüftglied des ersten Beinpaares auf der Unterseite vor der Spitze einen von vorn nach hinten ziehenden scharfen Kiel hat, dessen weder Koch noch Walckenaer erwähnen. Figur 34 enthält die Abbildung der Epigyne.

Walckenaer zieht auch *Arg. fenestrinus* Koch (a. a. O., p. 39, Tab. CLV, Fig. 361) zu dieser Art; ob mit Recht, kann ich nicht sagen; ich würde in Koch's Beschreibung und Abbildung die mir vorliegende Art nicht erkennen

Ord. OPILIONES.

Aus dieser Ordnung sind mehrere Vertreter gesammelt worden, deren Identificirung besondere Schwierigkeiten machte, was z. Th. in der grossen Variabilität der meisten Arten liegen mag, die sich auf die Bewaffnung des Thorax, der Hinterleibsringe und Beine zu erstrecken scheint. C. L. Koch hat im zweiten Heft seiner *Uebersicht des Arachnidensystems* auf die Bewehrung des Augenhügels und Thorax, sowie auf die Gliederzahl der Beine mehrere neue Gattungen begründet, die aber von den wenigsten neueren Forschern anerkannt sind. Wie sehr das Bedauern Koch's, dass nur einzelne Exemplare der verschiedenen Arten in defectem Zustand nach Europa gebracht und die davon genommenen Charaktere zur Bildung der Gattungen somit nicht durch mehrfache Vergleichungen ihre Bestätigung erhalten konnten, gerechtfertigt ist, konnte ich an dem geringen Material, das mir zur Verfügung stand, ersehen : die Zahl der Fussglieder war nicht nur bei unzweifelhaft derselben Art angehörigen Exemplaren, sondern manchmal auch auf den beiden Seiten desselben Individuums verschieden; dass sich diese Verschiedenheit daher nicht zur Bildung von Gattungen benutzen lässt, liegt auf der Hand. Wie weit einzelne der Koch'schen Gattungen mit besserer Begründung beizubehalten sind, lässt sich nur an der Hand eines ausgedehnteren Materials entscheiden; ich habe meistens bei den von Koch (resp. Kollar) aufgestellten Arten auch den Gattungsnamen beibehalten. Vielleicht lässt sich die Beschaffenheit der Krallen an den Füssen zur Bildung von Gattungen in ausgedehnterem Maasse verwerthen.

Bei den meisten der gesammelten Arten sind (an den Hinterpaaren) nur 2 ungezähnte Krallen vorhanden, über denen aber noch ein aus verwachsenen Haaren gebildeter Haken steht, der die Afterkralle der Spinnen zu vertreten scheint und sich ähnlich auch bei den Scorpionen findet; einige Arten haben Zähne an den Krallen und bei 2 Arten werden die Krallen deutlich von einem gemeinsamen Stiel getragen, der bei einer unterhalb derselben eine Haftscheibe erkennen lässt. Alle Arten gehören zur Familie der *Gonyleptiden.*

Fam. GONYLEPTIDAE.

Gatt. GONYLEPTES Kirby.

1. G. VATIUS n. sp. (Fig. 33.)

Cephalothorax an der breitesten Stelle ungefähr doppelt so breit wie am Kopf- und Hinterrande; die Seitenränder vor der Verbreiterung parallel; Augenfeld [1] mit einer Erhöhung, die die Augen trägt und mit 2 spitz-kegelförmigen Höckerchen; alle Rückenfelder mit 2 der Mittellinie genäherten glänzenden Körnchen, zu denen auf dem Vorder-, Mittel- und Hinterfeld seitlich noch einige kleinere hinzutreten; das Hinterfeld mit länglichen Beulen besetzt, deren Längsachse nach hinten und etwas nach aussen gerichtet ist; an dem mir vorliegenden Exemplar lassen sich deren etwa 10 unterscheiden, von denen aber die äusseren in eine Reihe hinter einander liegender kleinerer aufgelöst sind; der Hinterrand ist mit einer Reihe gleich grosser Höckerchen bedeckt, und dasselbe ist mit den schmalen 3 ersten Hinterleibssegmenten der Fall. Der Seitenrand des Cephalothorax trägt eben solche Höckerchen, die nach hinten allmählich grösser werden; das letzte grösste liegt in dem Winkel zwischen Hinter- und Seitenrand. Der Stirnrand trägt 6 schräg nach oben und vorn gerichtete Höckerchen; 2 derselben stehen über der Einlenkung der Mandibeln und je 2, einander genähert, über der Einlenkung der Taster. Am Seitenrande des Cephalothorax befindet sich über dem Hüftglied des zweiten Beinpaares eine gebogene spaltförmige Einkerbung [2]. Die Hüften, Schenkel, Kniee und Schienen der Beine dicht mit Höckerchen und Körnchen besetzt; am Oberschenkel des dritten Paares, vor dem Knie, ein nach hinten und unten gerichteter Zapfen; Hüfte des letzten Paares in einem starken, aber kurzen, am Ende schwach eingekerbten

---

[1] Obwohl es wahrscheinlich ist, dass mit dem Thorax einige der ersten Hinterleibssegmente verschmolzen sind, ziehe ich doch eine neutrale Bezeichnung für die auf dem Rücken der Querfurchen hervorgebrachten Felder vor; die Worte: Augen-, Vorder-, Mittel- und Hinterfeld bedürfen keiner weiteren Erklärung.
[2] Ohne Zweifel die Mündung der von Krohn entdeckten Drüse; Krohn'sche Cephalothoraxdrüse Stecker's.

Zapfen verlängert; Schenkelring oben mit einem kräftigen kurzen, etwas nach vorn gekrümmten Zapfen; Oberschenkel einwärts gebogen, oben, nahe der Basis, ein kräftiger, an der Spitze eingekerbter Zapfen, an dessen Basis noch einige kleinere stehen; auf diese folgen nach einem Zwischenraum oben 3 schwächere Zapfen von abnehmender Grösse; unten steht eine Reihe von 6 allmählich grösser werdenden Zapfen; dann, nach einem grösseren Zwischenraum, der grösste von allen, ungefähr dem ersten der 3 letzten oberen gegenüber.

Am ersten Beinpaar sind 6 Metatarsusglieder vorhanden, das erste das längste, so lang wie $2+3$; zwischen 3 und 4 eine deutlichere Articulation. Am zweiten Beinpaar ist der Tarsus rechts ungegliedert und hat der Metatarsus 10 Glieder, das erste das längste, die folgenden kürzer werdend bis zum achten, das letzte so lang wie $8+9$; zwischen 7 und 8 eine deutlichere Articulation; links ist der Tarsus secundär in 2 Glieder getheilt und hat der Metatarsus $(8+3-)$ 11 Glieder. Das dritte Beinpaar hat $(4+3-)$ 7 Metatarsalglieder, das erste so lang wie die drei folgenden zusammengenommen; das vierte 8, eine ausgiebigere Articulation zwischen dem fünften und sechsten Gliede nur schwach angedeutet; die beiden letzen Fusspaare (Fig. 35 a) haben 2 ungezähnte Hauptkrallen und eine darüber befindliche, unbewegliche Afterkralle.

Die Farbe des Körpers ist schmutzig gelb, etwas olivenfarben; Augenfeld, Oberschenkel, Kniee und Schienen des letzten Beinpaares schwärzlich; Mandibeln und Taster, sowie Schenkelringe der 3 ersten Beinpaare, alle Metatarsen und Tarsus des letzten Beinpaares blassgelb, Oberschenkel (gegen die Spitze hin), Kniee und Schienen der ersten Paare verdunkelt; Unterseite dunkel; die Hüften der 3 ersten Beinpaare am dunkelsten. Hinterrand der oberen Afterklappe schmal gelb gesäumt. Die meisten Höckerchen sind ebenfalls gelb, wodurch namentlich die Beine ein etwas scheckiges Ansehen bekommen.

Ein Exemplar von São João del Rè oder Thérésopolis, wahrscheinlich kurz nach einer Häutung und daher mit weicher Haut und vielleicht auch noch nicht ganz ausgefärbt.

Die Art ist mit *G. pectinatus* C. L. Koch (*Arachn.*, XII, p. 22, Tab. CCCCII, Fig. 971) sehr nahe verwandt und vielleicht identisch, was sich erst nach

Vergleichung eines reicheren Materials würde entscheiden lassen. Koch schreibt seiner Art eine doppelte Körnerreihe am Seitenrande des Cephalothorax zu und giebt die *mittleren* Körner als die grössten an; die 6 Dörnchen am Stirnrande, sowie den Zahn am Oberschenkel des dritten Beinpaares erwähnt Koch nicht; auch scheint die Bewaffnung des Oberschenkels des vierten Beinpaares eine etwas abweichende zu sein.

2. **G. ACANTHOPUS** (Quoy et Gaim.).

Syn. **Phalangium acanthopus**; Quoy et Gaim., *Voy. de l'Uranie*, Zool., p. 546, Pl. LXII, Fig. 213.
G. horridus; C. L. Koch, *Arachniden*, VII, p. 29; Tab. CCXXII, Fig. 551 (nach Butler, *Ann. a. Mag. Nat. Hist.* (4) XI, p. 113).

Von Copa Cobana liegt ein Exemplar vor, das in allen Theilen mit der Beschreibung übereinstimmt, die Koch vom ♂ seines *G. horridus* giebt, der nach Butler nicht *G. horridus* Kby., sondern eben vorbenannte Art ist. Nur in dem Punkte weicht mein Exemplar von dem Koch'schen ab, dass auch die vorderen Beinpaare von derselben braunrothen Farbe wie der ganze übrige Körper sind. Ueber der Einlenkung des zweiten Beinpaares der bekannte Spalt. Die Länge der Beine (hier die Hüfte nicht mitgerechnet) ist : I = 19, II = 42, III = 30, IV = 41 Mm.; die Zahl der Tarsenglieder ist die, die Koch für die Gattung *Gonyleptes* in *seinem* Sinne angiebt : I hat 6, II 13, III 7, IV 8 Metatarsalglieder, II linkerseits nur 12.

Ein anderes Exemplar von Tijuca stimmt in allen wesentlichen Kennzeichen mit dem vorhergehenden überein, nur sind alle Höcker und Zähne schwächer, namentlich die an den Hinterhüften, wo der an der Innenseite befindliche kaum angedeutet ist; der grosse an der Oberseite der Hinterschenkel ist nach vorn gebogen und hat an der Basis ein kleines Knötchen; die Länge der Beine ist etwas geringer : I = 19, II = 37, III = 28, IV = 39 Mm.; die Zahl der Metatarsusglieder folgende : I beiderseits 6, II rechts 9, links 11, III jederseits 7, IV rechts 9, links 8. Diese Varietät, die mit der von Koch (Kollar) auf Seite 32 erwähnten übereinzustimmen scheint, mag als var. *imbecillus* bezeichnet werden.

98 VERZEICHNISS DER etc. BRASILIANISCHEN ARACHNIDEN.

3. **G. BICUSPIDATUS** C. L. Koch; *Arachn.*, VII, p. 39; Tab. CCXXIV, Fig. 556.

Bei Copa Cobana wurde eine Art gesammelt, die vollständig mit Koch's Beschreibung übereinstimmt, nur dass die Farbe des ganzen Körpers ein gleichmässiges Braunroth ist mit Ausnahme der gelben am Rande des Thorax und auf dem zweiten und dritten Hinterleibsringel stehenden Höckerchen resp. Dornen. Die Länge der Beine ist: I=19, II=37, III=27, IV=36 Mm.; die Gliederzahl die von Koch als normal bei der Gattung angesehene, aber das zweite beiderseits mit 12 Metatarsalgliedern.

4. **G. PICEUS** n. sp. (Fig. 36.)

Cephalothorax breit, beträchtlich breiter als lang und an der breitesten Stelle nahezu doppelt so breit als am Hinterrande; am Rande mit einer feinen Leiste; die Furchen zwischen den einzelnen Feldern sind nur schwach angedeutet. Augenhügel von elliptischem Umriss, in der Mitte mit einem kleinen, stumpfen Knötchen; davor, am Stirnrande, ein höheres Höckerchen. Hinter- und Seitenrand innerhalb der Leiste mit regelmässig in einer Reihe angeordneten glänzenden, halbkugeligen oder länglichen Körnchen, auf der Fläche des Cephalothorax eben solche, ohne Regel zerstreut; Vorderfeld schwach der Länge nach gerunzelt, namentlich seitlich vom Vorderrande aus. Taster und Beine kräftig, aber nicht sehr lang; die Zapfen an den Tasterendgliedern, in denen die Stacheln stehen, kräftig; auch das zweite Tasterglied (die Maxille als erstes gezählt) hat vor der Spitze an der Innenseite einen schwachen Stachel. Oberschenkel des dritten Beinpaares an der Spitze mit einem kleinen Zahn; Hüfte des letzten Beinpaares (beim ♂) sehr gross, an der Spitze in einen kräftigen, etwas gewundenen kegelförmigen Zapfen verlängert, an der Innenseite unten mit einem kurzen Dorn. Schenkelring unterseits flach gedrückt; aussen mit 2, oben und innen mit je 1 Höcker, von denen der obere schräg einwärts gerichtet und schlanker ist als der kräftigere innere. Schenkel stark gebogen, fast umgekehrt S-förmig (die Figur ist in diesem Punkte nicht ganz gerathen), an der Spitze oben mit 2 Zähnen, von denen der letzte der stärkere ist, unten mit einem kräftigen Zahn, am Aussenrande mit 3 schwächeren und ungefähr in der Mitte oben mit einem starken nach vorn gebogenen Zahn; ausserdem kleinere Knötchen zwischen den Zähnen. Unterschenkel gegen die Spitze hin mit 4-5 allmählich stärker werdenden Zähnchen. Unterseite des Cephalothorax matt gekörnelt, die 3 ersten oberen Hinterleibsringe mit denselben glänzenden Körnchen wie der Cephalothorax.

Länge der Beine : I = 15, II = 30, III = 23, IV = 32 Mm. I mit 6, II 9 (10-11), III 7 (8), IV 9 (8) Metatarsalgliedern.

Die Farbe des ganzen Körpers ist heller oder dunkeler braun bis pechschwarz. Bei den meisten Exemplaren ist der Hinterleib vollständig in den Thorax eingezogen; nur bei zweien ragt er über den Hinterrand desselben hervor; der Hinterrand selbst ist concav (*recurve*) ausgeschnitten und der Rücken des Thorax (abgesehen von dem Augenfeld) fast flach, gegen den Seitenrand hin etwas vertieft.

Zwei Exemplare, die ich für ♀ halte, stimmen in den meisten Kennzeichen mit den übrigen überein; sie sind etwas kleiner, namentlich schmäler, der Hinterrand des Cephalothorax ist nicht concav, sondern leicht convex (*procurve*), der Rücken einfach querüber leicht gewölbt; Augenhügel stärker und das Knötchen auf seiner Spitze etwas kräftiger als der Stirnhöcker; die Hinterhüften ganz schwach, der obere Zapfen sehr kurz, eben die Basis des Schenkelringes überragend; die vordere und obere Seite der Hinterschenkel mit schwachen Dornen; unten und hinten mit je einer Reihe ziemlich kräftiger Dorne; die Unterschenkel sind fast mit kräftigeren Dornen als beim männlichen Geschlecht bewehrt. Von den Höckern auf den Hinterleibsringen ragen die beiden mittleren des dritten (bei eingezogenem Hinterleib) als kleine, stumpf kegelförmige Dörnchen nach hinten vor. Entsprechend dem ganzen Körper sind auch die Beine kürzer und schlanker : I = 13, II = 24, III = 19, IV = 25 Mm.

Von dieser Art, die gewissermassen die Krabbenspinnen unter den Opilionen vertritt, liegen 6 ♂ und 2 ♀ von Copa Cobana vor.

100 VERZEICHNISS DER etc. BRASILIANISCHEN ARACHNIDEN.

5. **G. HORRIDUS** Kirby.

Syn. **G. curvipes**: Kollar in Koch's *Arachn.*, VII, p. 30; Tab. CCXXIV, Fig. 533.

Ein von Tijuca stammendes Exemplar stimmt so sehr mit Kirby's und Kollar's Beschreibung überein, dass ich die geringen Abweichungen auf Rechnung individueller Verschiedenheit setze und mich auf Anführung der wichtigsten Momente beschränken werde. Das charakteristische Merkmal der Art scheint der hohe, spitze Augenhügel zu sein; derselbe gabelt sich in zwei [1] spitz kegelförmige Aeste, die in meinem Exemplar nicht ganz die Länge haben wie von der Gabelung abwärts zu den Augen. Die letzteren sind stark halbkugelig hervorgequollen, aber klein. Die hintere Hälfte des Augenhügels ist von der Fläche des Cephalothorax durch eine sehr deutliche Furche abgesetzt, die sich unter den Augen nach aussen wendet, hier aber viel weniger scharf ausgeprägt ist. Auf dem Hinterfelde sind 2 grosse, halbkugelige, glatte, glänzende Beulen. Auf der Unterseite ist der Hinterrand des Cephalothorax stark leistenförmig erhoben und mit einer Reihe von Höckern versehen; von denselben sind die äusseren die stärksten und stehen auf der Schärfe der Leiste, die mittleren sind kleiner und an den Vorderrand der Leiste hinabgerückt. Die Hinterhüften sind aussen und oben mit Höckerchen besetzt, von denen die oberen fast den Charakter von Zähnchen annehmen; aussen ragt der lange, gewundene Dorn hervor, an der Basis desselben findet sich das von Kollar erwähnte « Eckchen », von wo sich eine Leiste nach der Spitze zieht, die beim linken Dorn deutlicher als beim rechten ist und in einem Knötchen endet. Den Schenkeln des Hinterpaares fehlen bei meinem Exemplar die von Kollar erwähnten kammartigen Zähne fast vollständig und die 3 starken Zähne der Oberseite sind fast gerade; an den Schenkeln des zweiten und dritten Beinpaares findet sich hinten, dicht vor dem Kniegelenk, ein fast gerader, schräg nach aussen gerichteter Stachel; das Basalglied der Mandibeln trägt auf seiner Oberseite einige Höckerchen, in denen kurze

[1] In dem einzigen mir vorliegenden Exemplar ist der rechte an der Basis abgebrochen.

Haare stehen. Beinpaar I = 12, II = 24, III = 18, IV = 23 Mm.; I mit 6,
II mit 11, III und IV mit je 7 Metatarsalgliedern; die beiden hinteren
Fusspaare tragen 2 ungezähnte Hauptkrallen und eine schwache obere
Afterkralle.

Gatt. CAELOPYGUS C. L. Koch.

6. C. GRANULATUS n. sp.

Diese Art stimmt in Körpergestalt und Zeichnung so genau mit *C. elegans*
(Perty) (Koch, a. a. O., p. 87, Tab. CCXLI, Fig. 576) überein, dass ich
lange Zeit geneigt war, sie für Perty's *Gonyleptes elegans* zu halten. Der
einzige wesentliche Unterschied ist der, dass Koch den Thorax oberseits
als glatt angiebt, während hier der ganze Thorax dicht gekörnelt ist; die
Farbe ist olivengrün, Körnchen schwarz; das Basalglied der Mandibeln ist
in seiner zweiten Hälfte oben stark knieförmig erhoben; die Scheerenhälfte
im Grundtheile schwärzlich, die Scheeren an der Innenseite deutlich mit
4-5 Sägezähnen. Die Metatarsen des ersten Fusspaares haben 8 Glieder und
eine, ungezähnte Kralle; die des vierten rechterseits 22, links 20 Glieder
und 2 *doppelzähnige* Hauptkrallen und eine ungezähnte obere Afterkralle;
die übrigen Beine fehlen.

Ein zweites Exemplar ist etwas weitschichtiger gekörnelt und unterscheidet sich von dem ersteren namentlich durch die Bewaffnung der Beine;
ich halte dasselbe für das ♀ dieser Art. Die beiden Höckerchen auf dem
Hinterfelde sind hier viel stärker, die Hinterhüften aber weit weniger aufgeblasen, kaum neben dem Seitenrand des Cephalothorax hervortretend. Der
beim ♂ lange und korkzieherartig gewundene Dorn hier sehr kurz; der
Zahn des Schenkelringes fehlt ganz, die Sägezähne am Oberschenkel sind
nur ganz schwach angedeutet, die an der Unterseite von Knie und Unterschenkel fehlen ganz; die 3 ersten Beinpaare fehlen; das vierte Beinpaar
ist kürzer (38 Mm. gegen 48), links 18, rechts 19 Metatarsalglieder;
Krallen doppelreihig gezähnt.

2 Exemplare von Thérésopolis oder São João del Ré.

7. C. MACRACANTHUS (C. L. Koch). (Fig. 40.)

Syn. C. macrocanthus (Kollar); C. L. Koch, Arachn., VII, p. 81; Tab. CCXXXIX, Fig. 574.

Von Thérésopolis oder São João del Ré liegt ein wohlerhaltener *Gonyleptide* vor mir, den ich unbedenklich zu der von Koch resp. Kollar beschriebenen Art ziehe, obwohl bei diesem Exemplar die Höckerchen auf dem Hinterthorax nicht, wie es in der Gattungsdiagnose heisst, « sehr klein », sondern mässig gross, kegelförmig sind. Am Grunde des dritten Tastergliedes vermisse ich das von Koch angegebene längliche Höckerchen mit einer Borste, dagegen stehen an der Spitze 2 solcher Borsten (diese Angaben beziehen sich auf den linken Taster; der rechte ist ausgerissen); die Farbe des Thorax ist *braunroth*, die schmale obere Randkante *dunkeler;* auf den beiden Afterklappen die gelben Flecke. — Die angegebenen Unterschiede scheinen mir zu unbedeutend zu sein, um danach eine Artverschiedenheit anzunehmen, zumal die Variabilität der einzelnen Arten und selbst die Grenzen des Geschlechtsdimorphismus noch durchaus unbekannt sind. Ich füge einige Angaben über die Längenverhältnisse der Beine u. s. w. bei.

Beinpaar I = 23, II = + 46 (der Metatarsus ist abgerissen), III = 32, IV = 45 Mm. Am Metatarsus des ersten Fusspaares finden sich 9, des dritten beiderseits 9 Glieder; das Endglied trägt 2 Hauptkrallen, von denen die vordere doppelt, die hintere einfach, aber länger gezähnt ist, und eine darüber stehende Afterkralle, die an ihrer convexen oberen Seite gegen die Spitze hin in einzelne Borsten aufgelöst ist; das vierte Beinpaar hat rechts 23, links 21 Metatarsalglieder, die Krallen wie bei III.

Ein Exemplar von Thérésopolis oder São João del Ré.

Koch begründete diese wie die meisten seiner Gonyleptidengattungen wesentlich auf die Bewaffnung des Augenhügels und Hinterthorax und die Zahl der Fussglieder; bei der Gattung *Caelopygus* sollen Augenhügel und Hinterthorax 2 sehr kleine Höckerchen, Fusspaar I 9, III 17, IV 22-24 Metatarsalglieder haben; beide Merkmale scheinen mir schlechte Gattungscharaktere abzugeben, die Gattung dagegen aufrecht zu halten und namentlich durch die Beschaffenheit ihrer Krallen zu definieren zu sein.

Gatt. ANCISTROTUS C. L. Koch.

8. A. ACANTHOMELIS u. sp. (Fig. 37.)

Cephalothorax an der breitesten Stelle ganz unbedeutend breiter als lang, doppelt so breit als im vorderen Theile; am Kopfrande über den Mandibeln 2 starke schräg nach vorn gerichtete, zwischen der Einlenkung des Tasters und des ersten Beinpaares ein schwächeres Dörnchen; Aussenkante des Cephalothoraxrandes mit in eine Reihe gestellten Höckerchen besetzt, von denen die mittleren die grössten sind; Hinterrand ebenfalls mit einer Reihe von Körnchen. Augenhügel ziemlich stark, die Dörnchen auf demselben aber kurz und stumpf; die Furchen des Thorax deutlich, auf jedem der Felder ein Paar Höckerchen, von denen die hinter dem Augenhügel stehenden die kleinsten, die auf dem Hinterfelde die grössten (grösser als die Augendorne) sind; sonst sind nur kleine Dörnchen weitschichtig über den Cephalothorax zerstreut. Das erste Glied der Mandibeln aus schmaler, schräg nach unten gerichteter Basis oberseits stark kugelig verbreitert, sonst ohne Auszeichnung; die beiden Endglieder der Taster wie gewöhnlich verdickt, unterseits abgeflacht und auf den Rändern mit je 2 grösseren und einigen kleineren Zapfen versehen, die starke Stachelborsten tragen; Klaue dünn, aber fast so lang als das Endglied, schwach gebogen. Beine in dem Längenverhältniss IV = 30, II = 27, III = 20, I = 13 Mm.; die Hüften der 3 ersten oben mit einem kleinen Dorn, der bei dem dritten schräg nach vorn gerichtet ist und . fast bis zur Mündung der Cephalothoraxdrüse reicht.

Hüften der Hinterbeine nur mässig aufgeblasen, wenig über den Rand des Cephalothorax hervorragend, an dem Ende oben mit einem schwachen, gebogenen, schräg nach hinten und aussen gerichteten Dorn bewehrt, der an der concaven Seite seiner Basis ein kleines Knötchen hat und den Schenkelring nicht überragt; unten mit einem nach hinten und innen gerichteten schwachen Dorn. Schenkelring mit einem sehr stumpfen, unten mit 2 kleinen spitzen Höckerchen; Schenkel innen an der Basis mit einem starken, geraden Dorn, dahinter 6 schwächere, von denen die 2 ersten sehr klein sind; der übrige Theil der Schenkel ist fast nur mit kleinen Höckerchen besetzt; Schiene unten gegen die Spitze hin mit 4-5 Zähnchen, von denen das letzte am stärksten ist. Beinpaar I mit 7, II mit 14, III links mit 10, rechts 9, IV mit 11 Metatarsalgliedern; die beiden ersten wie gewöhnlich mit *einer* Kralle, die beiden letzten mit 2 ungezähnten Hauptkrallen und einer kurzen, oben in Haare aufgelösten Afterkralle. Hinterleib nur wenig über den Hinterrand des Cephalothorax hervorragend, die Segmente schmal, mit je 2-3 Körnchen; die obere Afterklappe halbkreisrund, die untere mondförmig.

Die Farbe des ganzen Leibes und der Hinterbeine braunroth; Vordertheil oben etwas verdunkelt; Mandibeln, Taster und die 3 vorderen Beinpaare blassgelb, fein schwarz marmoriert; an den Beinen überwiegt das schwarze Pigment so, dass dieselben fast dunkel olivenfarben erscheinen.

Ein ganz unversehrtes Exemplar von Pedra açu.

9. **A. URCEOLARIS** n. sp.

Sie ist vielleicht das ♂ von *A. squalidus*, mit dem sie in der Körpergestalt und Färbung übereinstimmt; die Höckerchen auf dem Augenhügel sind spitz; die auf dem Thorax dagegen nur schwach angedeutet. Die Beine sind weit kürzer als bei *A. squalidus* nach Koch's Beschreibung: I (= 10 Mm.) wenig mehr als doppelt so lang als der Körper, II (= 18 Mm.) nicht ganz doppelt, III (= 14 Mm.) nicht ganz anderthalbmal so lang als I, IV (= 32 Mm.) mehr als doppelt so lang als III. Die Hüften des vierten Paares sind ziemlich stark aufgeblasen, an der Spitze mit einem einfach nach unten gebogenen, den Schenkelring nicht überragenden Dorn; Schenkelring oben mit einem kurzen Zapfen; Schenkel gerade, dünn, namentlich an der Unterseite gekörnt; gegen die Spitze hin näheren sich die Körnchen mehr der Gestalt stumpfer Zähnchen. Die Zahl der Metatarsalglieder ist die von Koch als normal für *Ancistrotus* angegebene (6, 13, 7, 7); nur hat das zweite Paar links 14 statt 13. Krallen wie bei voriger Art.

2 Exemplare von Copa Cobana.

10. A. SQUALIDUS (Perty) [1].

Syn. **Goniosoma squalidum**; Perty, Delect. animal. artic., p. 202, n° 2 (nach Koch).
A. squalidus; C. L. Koch, Arachn., VII, p. 43; Tab. CCXXV, Fig. 558.

Ein Exemplar von Thérésopolis oder São João del Ré, dessen sämmtliche Beinpaare bis auf das letzte verstümmelt sind, finde ich in voller Uebereinstimmung mit Koch's Beschreibung, so dass ich nicht anstehe, dasselbe für diese Art zu erklären, obwohl Koch der Gattung *Ancistrotus* 7 Tarsenglieder am hinteren Fusspaar zuschreibt und das mir vorliegende Exemplar deren 10 hat. Hieraus eine Verschiedenheit der Art oder gar Gattung herzuleiten, geht desshalb nicht an, weil an Koch's Exemplar gerade die Hinterbeine fehlten und Koch daher nur wegen der übrigen Merkmale die Art in die Gattung *Ancistrotus* stellen konnte; ob diese Gattung gerechtfertigt ist, wäre allerdings eine andere Frage [2]. Ich vervollständige Koch's Darstellung durch die Beschreibung des vierten Beinpaares. Dasselbe ist 9 mal so lang als der Körper (46 Mm.), der Schenkelring kurz cylindrisch, die Schenkel lang, weit dünner; Knie so lang als Schenkelring, unregelmässig eiförmig aufgeblasen; Schiene wieder dünner, aber gegen das Ende etwas keulig verdickt; Tarsus dünn, fast doppelt so lang als die Schiene, so lang als Schenkelring, Oberschenkel und Knie zusammen, gegen das Ende hin undeutlich gegliedert; Metatarsus ebenfalls dünn, 10-gliederig; das erste Glied das längste, die folgenden Glieder allmählich kürzer werdend, das letzte wieder länger; Krallen ungezähnt, Afterkralle sehr kurz. Die Beine ohne besondere Auszeichnung, dunkel olivenfarbig; Metatarsen blassgelb.

Ein Exemplar von Thérésopolis oder São João del Ré.

[1] Simon (*Essai d'une classification nouvelle des Opiliones Mecostethi*, p. 53) führt die Art als species incerta unter Goniosoma Perty auf.
[2] Simon (a. a. O.) vertheilt die Koch'schen Arten dieser Gattung unter *Goniosoma* Pert. und *Mitobates* Sundev.

Gatt. EUSARCUS Perty.

11. E. OXYACANTHUS Kollar in Koch's *Arachn.*, VII, p. 7, Tab. CCXVIII, Fig. 543, 544.

Von dieser Art wurde ein ♂ bei Copa Cobana erbeutet. Der sehr genauen Beschreibung Kollar's füge ich hinzu, dass sich über der Hüfte des zweiten Beinpaares die rundliche Mündung der Krohn'schen Cephalothoraxdrüse befindet. Die beiden hinteren Beinpaare haben 2 ungezähnte Hauptkrallen und eine kleinere, an der Spitze in eine starke Borste verlängerte Afterkralle; das 1., 3. und 4. Beinpaar mit je 6, das 2. mit 9 Metatarsalgliedern, von denen die 3 letzten gegen das viertletzte eine vollkommenere Articulation zeigen; ausserdem ist vom Tarsus der beiden Hinterpaare ein kleines Glied durch einen schrägen Einschnitt unvollkommen abgetrennt. I = 11,5, II = 21, III = 15, IV = 20 Mm.

12. E. ARMATUS Perty.
— Koch; *Arachn.*, VII, p. 5; Tab. CCXVII, Fig. 542.

Ein wohlerhaltenes ♀ von Copa Cobana. Der Metatarsus des zweiten Beinpaares hat rechts nur 8 Glieder; sonst ist alles wie vorher; I = 9, II = 20, III = 12, IV = 15 Mm.

Gatt. MISCHONYX (n. g. *Gonyleptidarum*).

Characteres generis: Cephalothorace elongato, medio modice rotundatim dilatato, postice minus quam antice angustato, aliquanto longiore quam latiore; oculorum eminentia mediocri, tuberculis 2 parvis; metatarsorum ped. post. articularis 3, art. *ultimo apice stylo forti instructo*, unguiculos binos simplices ferente. (Abdomine ultra cephalothoracem prominente.)

Von Copa Cobana liegt ein bemerkenswerthes Thier vor mir, das ich in keine der mir bekannten Gattungen unterbringen kann; ob von den Artmerkmalen das eine oder andere noch in die Gattungsdiagnose aufgenommen werden muss, bleibt weiteren Forschungen vorbehalten.

13. **M. NOTALIDES** n. sp. (Fig. 38.)

Der allgemeine Körperumriss ist eiförmig, etwa anderthalbmal so lang als breit, vorn rund abgestutzt, dann schwach erweitert und wieder verschmälert, die Seitenränder eine kurze Strecke einander parallel und dann hinten unter einem spitzeren Winkel in den Hinter- als vorn in den Stirnrand übergehend. Körper der Quere nach ziemlich hoch und stark gewölbt, im vorderen Theile niedergedrückt. Stirnrand mit 3 Paaren kegelförmiger Dörnchen, einem über den Mandibeln und je einem über den Tastern und dem ersten Beinpaar. Augenhügel breit elliptisch, niederig, mit einem Höckerchen über jedem Auge. Auf dem Augenfeld hinter dem Augenhügel 2 ganz kleine Körnchen, eben solche, etwas weiter aus einander auf dem Vorder- und grössere auf dem Mittel- und Hinterfeld in der ersten Entfernung von einander; auf dem Hinterfeld ausserdem, weiter von einander, 2 weitere Körnchen; Hinterrand mit einer Reihe von Körnchen, von denen das mediane das grösste ist. An den Mandibeln ist das erste Glied wie gewöhnlich oben stark gewölbt; nur der unbewegliche Scheerenast hat an der Innenseite einige stumpfe Sägezähne. Taster schwach und nicht ganz so lang wie der Körper; die beiden Endglieder auf den Rändern der abgeflachten Unterseite mit 2 langen Borsten auf langen Zapfen jederseits. Die Beine ohne besondere Auszeichnug, die Hinterpaare kräftiger; Hüftglied des zweiten Paares oben mit einem kleinen Dörnchen, am Cephalothoraxrande darüber die Mündung der Krohn'schen Cephalothoraxdrüse. Die Hüften des Hinterpaares nur wenig über den Cephalothorax hervorragend, *ohne Dorn*, nur gekörnelt. Die beiden ersten Beinpaare haben 2 kurze, die beiden hinteren 3 kürzere Metatarsalglieder, von denen das erste das längste und das mittlere das kürzeste ist. Die ersteren enden mit einfacher Kralle, die beiden letzteren mit 2 ungezähnten, *auf gemeinschaftlichem Stiele eingelenkten Krallen;* eine Afterkralle war nicht zu entdecken. Das erste Rückensegment des Hinterleibes fast mit dem Thorax verschmolzen, überhaupt die Gelenkhäute zwischen den einzelnen Hinterleibssegmenten wenig schmiegsam. Die 3 ersten Segmente oben mit einer Reihe von Körnchen, von denen das mittelste als Dörnchen in die Höhe ragt.

108 VERZEICHNISS DER etc. BRASILIANISCHEN ARACHNIDEN.

Die Grundfarbe des Cephalothorax ist ein schmutziges lehmgelb, auf den Feldern des Cephalothorax, Hinterrändern der Hinterleibsringe und den Beinen meist durch olivenschwarz verdeckt.
Länge der Beine : I = 11, II = 19, III = 14, IV = 18,5 Mm.
Ein Exemplar von Copa Cobana.

Gatt. COLLONYCHIUM (n. g.)

Corporis structura et forma ut in genere praecedente; differt unguiculis disco agglutinante instructis.

Die Körpergestalt ist ganz die der vorhergehenden Gattung; Taster und Beine etwas länger; die Hinterbeine tragen an dem die beiden ungezähnten Krallen tragenden Stiele ausserdem eine Haftscheibe wie manche Milben, Chernetiden und die *Phalangodes armata* Tellk. aus der Mammouthhöhle in Kentucky unter den *Opiliones*. (Es wäre möglich, dass auch die vorhergehende Gattung diese Haftscheiben besitzt und dieselben an dem einzigen Exemplar verloren gegangen sind. An dem (ziemlich defecten) Individuum, auf welches ich diese Gattung gründe, war nur die Haftscheibe des letzten Beinpaares rechts erhalten; das Thier war der Häutung nahe und man konnte die neuen Krallen und Haftscheiben bereits durch die Haut im letzten Glied sehen. Sollte sich auch die vorhergehende Gattung als mit einer Haftscheibe versehen ausweisen, so würde ich vorschlagen, den Gattungsnamen *Collonychium* auf beide Gattungen auszudehnen.)

14. C. BICUSPIDATUM n. sp. (Fig. 39.)

Augenhügel und Hinterfeld zweihöckerig; die 3 ersten Hinterleibsringe mit 2 kleinen Höckerchen, von denen die des ersten am weitesten von einander entfernt sind (der Stirnrand ist so verletzt, dass sich darüber nichts sagen lässt). Taster schlank, länger als der Körper; die beiden ersten Beinpaare mit 2, die beiden letzten mit 3 Metatarsalgliedern (Fig. 39). Körper schmutzig gelb, Beine dunkel, fast schwarz, Ende der Hinterbeine hellgelb.

Im übrigen lässt der schlechte Erhaltungszustand keine genauere Beschreibung zu; Taster 7, Beinpaar I 11, II 25, III 17, IV 25 Mm. lang.
Ein Exemplar von Copa Cobana.

Ordnung ACARINA.

Fam. GAMASIDAE.

Auf dem Körper von *Homoeomma familiaris* sassen mehrere junge Exemplare einer Gamasusart, deren Alterszustand indessen noch keine Bestimmung oder Beschreibung gestattete.

Fam. IXODIDAE.

Gatt. AMBLYOMMA C. L. Koch.

2. **A. ADSPERSUM** C. L. Koch; *Archiv f. Naturg.*, X, p. 226.
— — *Uebers. d. Arachnidensyst.*, IV, p. 71; Tab. XII, Fig. 43, 44.

Zwei Weibchen dieser Zecke wurden bei Barbacena von einer *Boa constrictor* abgelesen; Koch's Exemplar stammte aus Columbien von demselben Wohnthier.

3. **A. OBLONGOGUTTATUM** C. L. Koch; a. a. O., pp. 228 und 83; Tab. XV, Fig. 55.

Von dieser Art wurde ein ausgewachsenes vollgesogenes und ein junges Weibchen bei Chapeo d'Uvas auf *Coryphodon* (einer Natter) erbeutet; Koch erhielt ein einziges Exemplar aus « Brasilien, Surinam », ohne nähere Angabe des Fundortes und Wohnthieres.

4. **A. INFUMATUM** C. L. Koch; a. a. O., pp. 228 und 84; Tab. XV, Fig. 56.

Diese Art wurde in 12 Exemplaren (♂ und ♀) bei Chapeo d'Uvas von dem Körper von *Hydrochoerus capybara* gesammelt, wobei allerdings manche ihre Mundtheile verloren. Die ♂, die Koch unbekannt waren, sind daran kenntlich, dass ihr « Kopfschild » von dem übrigen Rückenschild nicht abgesetzt ist; das Hüftglied des vierten Beinpaares hat einen nach hinten gerichteten, der Bauchfläche anliegenden, Stachel; die Beine sind stämmiger, namentlich die Endglieder stärker zusammengedrückt und gezähnt. Es scheinen mehrere Päärchen sich *in copula* befunden zu haben, da auch einigen Männchen die Mundtheile ausgerissen sind, während es längst (lange vor *Megnin*) bekannt ist, dass die Männchen auf ihrem Wohnthier kein Blut saugen, wohl aber bei der Begattung sich an das Weibchen mit ihrem Rüssel befestigen.

NACHTRAG.

Nachträglich erhielt ich noch 3 Exemplare echter Spinnen, die alle verschiedenen Gattungen angehören und bis dahin in der Sammlung noch nicht vertreten waren. Die eine Art bestätigt mich nur in der Ansicht, die ich oben (p. 55) über die Familie der *Ctenoïdae* geäussert habe.

(Zu Seite 40.)

TETRASTICTA.

Gatt. AVICULARIA (Lam.).

8 a. A. VESTIARIA (De G.).

Syn. **Aranea vestiaria;** De Geer, *Abhandl. zur Gesch. der Insecten,* VII, p. 122; Tab. XXXVIII, Fig. 8.
Aranea avicularia; Linné, *Syst. nat.,* edit. XII, p. 1034.
Mygale avicularia; C. L. Koch, *Arachn.,* IX, p. 73; Tab. CCCXIII, Fig. 737.
Avicularia vestiaria; Thorell, *On Europ. Spid.,* p. 168.
— — Ausserer, *Verh. Zool. Bot. Ges. Wien,* XXI, p. 202.

Ein ausgewachsenes Weibchen dieser Art wurde bei Chapeo d'Uvas erbeutet; die Samentaschen sind lang schlauchförmig, denen von *Diplura gymnognatha* ähnlich, aber natürlich viel grösser (Fig. 41).

(Zu Seite 54.)

TRISTICTA.

DRASSIDAE.

23 a. HYPSINOTUS NELYSII n. sp.

Cephalothorax so lang als Patella+Tibia IV, schmal, vorn kaum halb so breit als lang, vom Hinterrande bis zur Mittelritze mässig ansteigend, von da bis zu den Scheitelaugen eben, zwischen den Scheitel- und Stirnaugen ein wenig herabgewölbt, von den Stirnaugen bis zum Kopfrande sogar etwas zurückweichend. Mittelritze kurz, aber deutlich; Seitenfurchen ebenfalls deutlich. Die Fläche des Cephalothorax ist glatt, zwischen und hinter den Augen aber stark gerunzelt. (Dieser Theil scheint etwas über die übrige Fläche hervorzuragen; doch ist bei dem einzigen mir vorliegenden Exemplar der Kopf etwas verdrückt.) Die vordere Augenreihe schwach gebogen (*deorsum curvata*); die Augen gleichweit von einander; die Stirnaugen die grössten von allen, um mehr als um ihren Durchmesser von einander und dem Kopfrande entfernt. Die hintere Augenreihe (von oben betrachtet) fast gerade, über die vordere gebogen; ihre Augen gleich gross und ungefähr so gross wie die vorderen Seitenaugen. Die Scheitelaugen von einander eben so weit wie die Stirnaugen abstehend; da sie aber kleiner als dieselben sind, so bilden die Mittelpunkte ein Paralleltrapez, das hinten schmäler ist als vorn; seine Höhe ist überdiess beträchtlicher als seine grösste Breite. Die Scheitelaugen von den hinteren Seitenaugen fast um mehr als ihren doppelten Durchmesser, die letzteren von den vorderen Seitenaugen um ihren Durchmesser entfernt. Die Partie der Stirn vor und zwischen den Stirnaugen stärker gewölbt; alle Augen auf stark hervorragenden Hügelchen, schwarz gesäumt; die Augen selbst mattgelb. Die vorderen Seitenaugen länglich; alle übrigen rund.

Mandibeln kräftig, dicker als die Vorderschenkel, nicht so lang als Tarsus I; von der Basis an stark hervorgewölbt, dann schräg nach unten und vorn vorgestreckt, innen an der Spitze divergirend; dunkelbraun, fast schwarz an der Vorderseite in der oberen Hälfte matt, in der unteren Hälfte glänzend und punktiert gerunzelt, fast wabenartig (aber nicht so deutlich, wie bei den anderen Arten). Unterer Falzrand mit 5 in gerader Linie stehenden, von vorn nach hinten allmählich grösser werdenden Zähnchen; oberer mit 3 Zähnchen, von denen die beiden äussersten sehr klein sind und der mittlere dem hintersten der unteren Reihe gegenüber steht. Kralle kräftig, aber nicht sehr lang; braunroth.

Unterkiefer mit stark gebogenem Innen- und Aussenrande, stark gewölbt, ohne Quereindruck, vorn gerade abgeschnitten, die Schnittlinie fast in die Längsachse des Körpers fallend. Unterlippe so lang wie breit, aussen gerundet, vorne abgestutzt, ebenfalls stark gewölbt, an der Basis eine eingeschnürte Stelle stark quergerunzelt, wie die Unterkiefer heller braunroth als die Mandibeln.

Sternum herzförmig, mässig gewölbt, glatt und glänzend, mit mässig vertieften Strahlenfurchen nach den Hüften der Beine; mit nach vorn gerichteten Borsten licht bekleidet.

Beine in dem Längenverhältniss IV, I, II, III; Schienen des ersten Paares mit 6, die des zweiten mit 5 Paar langer angedrückter Stacheln. Tarsen der beiden ersten und Metatarsen sämmtlicher Paare mit einer Scopula. 2 stark gebogene, aber kurze und wenigzähnige Krallen hinter starken Büscheln von Kolbenhaaren.

Hinterleib lang walzenförmig, nicht viel breiter als der Cephalothorax; hinter der schmalen medianen Tracheenspalte das von Menge sog. Hypopygium; die unteren und oberen Spinnwarzen gleich lang, aber die ersteren dicker.

Cephalothorax, Sternum und Beine gelbbraun; Kopftheil dunkeler; Mandibeln dunkelbraun. Hinterleib gelbgrau, in der hinteren Hälfte des Rückens schwärzlich; Bauch heller; vor der Athemspalte zieht sich vom After her ein schmaler schwarzer Ring auch über die Bauchfläche.

Das mir vorliegende Exemplar hat fast keine Haare am Cephalothorax, nur vorn einzelne Borsten; auch der Hinterleib ist fast ganz unbehaart (oder abgerieben?). Patellen ohne Stacheln.

Maasse: Cephalothorax 6, Hinterleib 9 Mm. lang; Cephalothorax 5, Hinterleib 5,8 Mm. breit. Beinpaar I=22, II=20,2, III=17,5, IV=22,2 Mm.

Ein junges Weibchen von Barbacena. Ich widme diese ausgezeichnete Art dem verdienten Entomologen und Theilnehmer der Expedition Herrn Walther de Selys Longchamps.

(Zu Seite 63.)

LYCOSIDAE.

Bei Barbacena wurde eine *Lycoside* erbeutet, die in ihrer Augenstellung (2, 4, 2) mit der Gattung *Ctenus* Walck. übereinstimmt, sich aber durch die längeren Hinterbeine davon unterscheidet. Dass sie zu den *Lycosiden* gehört, ist sowohl nach dem ganzen Habitus, sowie auch durch den Besitz einer Afterkralle neben stark gezähnten Hauptkrallen unzweifelhaft; sie gehört in die Nachbarschaft der Gattung *Dolomedes* und liefert auf's Neue den

Beweis, dass die Augenstellung für die Familiencharaktere fast gar keinen Werth hat (vgl. *Zora, Storena, Ctenus, Dinopis, Eresus* u. a.). Ich zweifele daher jetzt auch nicht mehr daran, dass die mit Afterkrallen versehenen *Cteniden* zu den *Lycosiden* gestellt werden müssen. Vorliegende Art gehört einer durch die Stellung und Grösse der Augen wohl charakterisierten neuen Gattung an.

ANCYLOMETES n. g. [1].

Oculi in series tres dispositi, vel potius duae series ordinariae adeo recurvae, ut laterales seriei prioris cum mediis posterioris unam eandemque lineam forment. Oculi seriei prioris modica magnitudine, posterioris oculis frontalibus duplo majores. Oculi frontales a margine frontali diametro sescuplo distantes; cetera ut in genere *Dolomede*.

Durch die verhältnissmässig kurzen, stämmigen Beine erinnert diese Gattung an *Dolomedes*, von der sie sich durch die Augenstellung unterscheidet. Der Cephalothorax ist vorn nicht sehr hoch, breit; die Stirnaugen sind etwa um das Anderthalbfache ihres Durchmessers vom Stirnrande entfernt, um das Anderthalbfache ihres Radius von einander. Die vorderen Seitenaugen sind so hoch hinaufgerückt, dass sie mit den Scheitelaugen eine nach hinten gebogene (*procurva*) Linie bilden. Die Augen der hinteren Reihe gleich gross und doppelt so gross wie die Stirnaugen, die Seitenaugen um mehr als ihren dreifachen Durchmesser von einander entfernt. — Von den durch die Augenstellung verwandten amerikanischen Gattungen (*Senoculus* Tacz., *Stenoctenus* Keys.) unterscheidet sie sich durch die beträchtliche Grösse der Augen der vorderen Reihe.

30 a. **A. VULPEN** n. sp.

Cephalothorax so lang als Patella + Tibia IV, von der gewöhnlichen Gestalt; beträchtlich länger als breit; vom Hinterrande bis zur Mittelritze unter einem Winkel von 45° ansteigend, von da bis zu den Augen fast gerade, nach den Scheitelaugen ein wenig herabgebogen, von diesen zum Stirnrande fast

---

[1] Ἀγκυλομήτης, verschlagen, listig; Beiname des Kronos; hier eine Anspielung auf die verwandte Gattung *Dolomedes*.

senkrecht abfallend. Kopf- und Seitenfurchen ziemlich deutlich. Beide Augenreihen durch das Tieferstehen der Mittelaugen stark gebogen (*recurvae*); die Scheitelaugen mit den Stirnaugen ein Paralleltrapez bildend, das höher als breit ist, dessen ungleiche Seiten aber nur wenig an Länge differiren. Die Stirnaugen um das Anderthalbfache ihres Radius von einander und etwas mehr von den Scheitelaugen, diese von einander fast um eben so viel als die Stirnaugen entfernt; die vorderen Seitenaugen von den vorderen Mittelaugen um mehr als von den hinteren entfernt, mit den letzteren eine mässig gebogene (*deorsum curvata*) Linie bildend, von denselben um ihren grösseren Durchmesser abstehend. Die hinteren Seitenaugen ungefähr so gross wie die vorderen, von denselben um das Anderthalbfache und von einander um das Dreifache ihres Durchmessers entfernt, mit den vorderen Seitenaugen auf einem gemeinsamen Hügel, an dessen Vorderrand die vorderen stehen. Verbindet man die Mittelpunkte der hinteren Seitenaugen unter einander und mit denen der Stirnaugen durch gerade Linien und verlängert dieselben bis zum Schneiden, so erhält man ein gleichseitiges Dreieck. Die vorderen Seitenaugen länglich und von hellgelber Farbe, alle übrigen rund und matt gelbgrün gefärbt.

Mandibeln kräftig, so dick wie die Vorderschenkel, vorn stark hervorgewölbt, an der Spitze etwas divergirend, mit langen Borsten zottig behaart; unterer Klauenfalzrand mit 4, oberer mit 2 Zähnchen, von denen das erste dem letzten des oberen gegenübersteht, das zweite noch weiter zurückgerückt und sehr klein ist. Klaue kurz, aber kräftig, *Innenrand nicht gekerbt*.

Maxillen aus schmaler Basis gerundet verbreitert, fast dreieckig, gewölbt; Unterlippe ebenfalls aus schmaler Basis verbreitert, vorn abgeschnitten, halb so lang als die Maxillen.

Sternum fast kreisförmig, mit Ausschnitten für die Hüften der Beine, mit anliegenden Haaren und abstehenden Borsten ziemlich dicht bekleidet.

Beine in dem Längenverhältnisse 4, 1, 2, 3, das zweite und dritte an Länge nur unbedeutend verschieden, kräftig, mit starken und stark gezähnten Hauptkrallen und einer ungezähnten Afterkralle. Die Tibien der beiden Vorderpaare mit 5, Tarsen mit 2 Paar kurzer, angedrückter Stacheln; Tarsen und Metatarsen mit einer Scopula, die an den Tarsen der Hinterpaare undeutlicher ist.

Hinterleib länglich, höher als breit; Spinnwarzen kurz, die oberen etwas länger, aber weit dünner als die unteren.

Der ganze Körper rothbraun, mit anliegenden Haaren und abstehenden Borsten rothgelb behaart; die äusserste Seitenkante des Cephalothorax und der Kopftheil zwischen den Augen braun; undeutliche dunkelere Strahlen laufen von der Mittelritze aus und ein undeutliches Seitenband, das aber den äussersten Rand nicht erreicht, ist heller. Kralle der Mandibeln und Stacheln der Beine dunkelbraun; Hinterleib oben und unten fast gleichgefärbt.

Maasse : Cephalothorax 9 Mm. lang, 7 breit; Hinterleib 9 Mm. lang, 6,2 hoch, 5,8 breit. Beinpaar I=28, II=25, III=24,5, IV=31 Mm. lang.

Ein unausgebildetes ♀ von Barbacena.

Ferner erhielt ich nach dem völligen Abschluss dieser Arbeit durch die Güte des Autors E. Simon's *Essai d'une classification nouvelle des Opiliones Mecostethi* (Ann. Soc. Ent. Belg., XXII) und *Arachnides de France*, t. VII. Die (hier allein interessierende) Familie der Gonyleptiden wird in die 4 Unterfamilien *Stygninae*, *Mitobatinae*, *Caelopyginae* und *Gonyleptinae* getheilt, von denen aber (in dem *Essai*) nur die beiden ersten bereits charakterisiert, die beiden letzteren aber einer Fortsetzung aufgespart sind. In unserer Sammlung sind die *Stygninae* gar nicht, die *Mitobatinae* durch die Gattungen *Ancistrotus*, *Collonychium* und *Mischonyx* vertreten. Erstere Gattung lässt Simon fallen und führt die meisten der Koch'schen Arten unter *Goniosoma* Perty auf; doch passt *A. acanthoscelis* schlecht auf die von Simon gegebene Diagnose : ...scutum subtriangulare;... femur pedum maxillarium intus spinosum; die Art scheint indessen *G. calcariferum* Sim. nahe zu stehen. Die Gattungen *Mischonyx* und *Collonychium* scheinen mit *Cranaus* Sim. viele Verwandtschaft zu haben; ob sie damit identisch sind, kann ich nicht entscheiden, da Simon der Beschaffenheit der Krallen keine Erwähnung thut. Durch den *Essai* etc. und die *Arachn. de France* sind manche der von mir gegen die bestehende Classification erhobenen Bedenken überholt worden; doch habe ich geglaubt, dieselben auch jetzt noch ausdrücken zu sollen, um dadurch der neuen Classification den Weg zu ebenen.

REGISTER.

(Die *cursiv* gedruckten Namen sind Synonyme.)

	Pag.
ACARINA	109
Amblyomma C. L. Koch	109
— adspersum C. L. Koch	109
— infumatum C. L. Koch	109
— oblongo-guttatum C. L. Koch	109
Ancistrotus C. L. Koch	103
— acanthocoelia n. sp.	103
— squalidus (Perty)	104, 105
— squalidus C. L. Koch	105
— urceolaris n. sp.	104
Ancylometes n. g.	114
— vulpes n. sp.	114
ANYPHAENIDAE	44
Anyphaena Sundev.	44
— maculatipes Keyserl.	46
— oblonga Keyserl.	46
(— subliors L. Koch)	47
— trivittata n. sp.	44
ARANEAE	43
Aranea argentata F.	93
— avicularia L.	111
— clavipes L.	93
Araneus cornutus Clerck	86
Aranea cornuta Pallas	86
— fasciculata De Geer	90
— vestiaria De Geer	111
Argiope Sav. et Aud.	93
— argentata (F.)	93
Argyopes argentatus C. L. Koch	93
— fenestrinus C. L. Koch	93
ATTIDAE	40
Avicularia (Lam.)	111
— vestiaria (De Geer)	111
Bolostromus Ausserer	17
— venustus Auss.	18
Brachythele Ausserer	27
Caelopygus C. L. Koch	101
— elegans (Perty)	101
— granulatus n. sp.	101
— macracanthus Kollar	102
(— macrocanthus Kollar)	102
Caelotes Blackw.	44
Calocteuus Keyserl.	36
— variegatus n. sp.	39
Centrurus (Hempr. et Ehr.)	2
Cercophonius Pet.	10
— brachycentrus Thor.	12
— Giacioni n. sp.	10
— squama (Gerv.) Thor.	12
Chiracanthium C. L. Koch	46
— subflavum (Blackw.)	46
Clubiona subflava Blackw.	46
Collonychium n. g.	108

	Pag.
Collonychium bicuspidatum n. sp.	108
Crypsidromus Ausserer	27
— fallax n. sp.	27, 30
— intermedius Ausserer	27
Ctenidae	55
Ctenus (Walck.) Bertkau	55
— cinnamomeus C. L. Koch	56
— cyclothorax n. sp.	56
— janeirus Walck.	58
— Salei Keyserl.	56
Cyrtauchenius (Thor.) Ausserer	14, 17
— maculatus n. sp.	14, 33
Cyrtocephalus Luc.	18
Dinopis	114
Diplura C. L. Koch	21
— aequatorialis Ausserer	20
— gymnognatha n. sp.	21
Dolomedes Latr.	63
— albicoxa n. sp.	64
— marginellus C. L. Koch	65
(— spec. indet.)	65
DRASSIDAE	44
Epeira (Latr.)	86
— albostriata Keyserl.	90
— argentata Walck.	93
— sedax Blackw.	93
— biplagiata n. sp.	86
— *brasiliensis* Walck.	93
— coerulea n. sp.	87
— *clavipes* Rahn	93
— cornuta (Clerck).	86
— Grayi Blackw.	88
(— Grayi Keyserl.)	88
— haustorum Benta	93
— hortorum Benta	93
— meridionalis Keyserl.	93
— mexicana Walck.	92
— sanguinalis Benta	87
— 12-tuberculata n. sp.	91
— undulata n. sp.	89
— vespucea Walck.	85
EPEIRIDAE	81
Eresus Walck.	114
Enophrys C. L. Koch	41
— lunatus n. sp.	41
Eurypelma C. L. Koch	31
— fimbriata C. L. Koch	32
Eusarcus (Perty)	108
— armatus Perty	108
— oxycanthus Kollar	108
GAMASIDAE	109
(Gamasus spec. indet.)	109
Goniosoma Perty	108

REGISTER.

	Pag.
Goniosoma aequalidum Perty	105
Gonyleptes Kirby	95
— acanthopus (Quoy et Gaim.)	97
— — var. nov. imbecillus	97
— bicuspidatus Kollar	98
— curvipes Kollar	100
— elegans Perty	101
— horridus Kirby	100
— horridus Kollar	97
— pictus n. sp.	98
— vatius n. sp.	98
CONYLEPTIDAE	95
Eupalopus Ausserer	27
Heteropoda (Latr.)	41
(— spec. indet.)	44
Homoeomma Ausserer	32
— familiaris n. sp.	37
Hypoctonus L. Koch	49
— chalybeus L. Koch	50
— cruentus n. sp.	50
— inermis n. sp.	51
— loricatus n. sp.	52
— plumipes n. sp.	54
— Selysii n. sp.	111
Isoctenus n. g.	61
— foliiferus n. sp.	61
(— Sallei (Keyserl.))	56
Isometrus (Hempr. et Ehr.) Thor.	7
— americanus (L.) Thor.	7
— maculatus De Geer, Thor.	7
ISOIDAE	118
Lasiodora C. L. Koch	34
— Beaudouini n. sp.	34
Liocranum L. Koch	47
— haemorrhoum n. sp.	47
Lychas americanus, maculatus C. L. Koch	7
Lycosa Latr.	76
— molitor n. sp.	76
LYCOSIDAE	63
Macrothele Ausserer	24
— annectens n. sp.	25
Meta (C. L. Koch)	81
— formosa (Blackw.)	81
— segmentata (Clerck)	82
Mischonyx n. g.	106
— aequalidus n. sp.	107
Mitobates Sunder.	105
Mygale avicularia C. L. Koch	111
— Mindanao Walck.	41
— radialis Cambr.	47
Nemesia (Sav. et Aud.)	17
— anomala n. sp.	17
— fossor n. sp.	19
Nephila (Leech)	82
— brasiliensis (Walck.)	83

	Pag.
Nephila clavipes (L.)	85
— fasciculata (De Geer)	82
— plumipes	85
— Senegalensis (Walck.)	85
Olios columbianus Walck.	44
OPILIONES	94
Phalangium acanthopus Quoy et Gaim.	97
Phalangodes armata Tellk.	108
Philla C. L. Koch.	40
— gratiosa C. L. Koch.	40
Philodrominae	44
Phrynus	87
Saltieus radians Blackw.	40
SCORPIONES	7
Scorpio europaeus De Geer	7
— maculatus De Geer	7
— obscurus Gerv.	7
Scytodes Latr.	82
Senoculus Taczanowsky	114
Sericopelma Ausserer	34
SPARASSIDAE	44
(*Sparassid*. spec. indet.)	44
Stenoctenus Keyserl.	114
Storena Walck.	114
Tarantula (F.) Karsch	87
Tarentula Sunder.	67
— nycthemera n. sp.	68
— pardalina n. sp.	72
— pubiostoma (C. L. Koch)	67
— pugil n. sp.	71
— sternalis n. sp.	73
— Volxemii	70
Tetragnatha Latr.	79, 82
— cladognatha n. sp.	79
— extensa (L.)	82
— formosa Blackw.	81
TETRAGNATHIDAE	79
TETRASTICTA	14, 111
Thalerothele n. g.	23
— fasciata n. sp.	24
THERIDIIDAE	78
Theridium (Walck.)	78
— haemorrhoidale n. sp.	78
Tityus aethiops C. L. Koch	7
— longimanus C. L. Koch	10
Trochona (C. L. Koch) Ausserer	30
— adspersa n. sp.	30
— venosa Latr.	30
— zebra C. L. Koch	30
TRISTICTA	40
Trochosa C. L. Koch.	65
— helvipes Keyserl.	65
— humicola n. sp.	66
Zora (C. L. Koch)	114

ERKLÄRUNG DER ABBILDUNGEN.

Figur 1. — *Isometrus americanus* (L.); ♀.
— 2. — *Cercophonius Glasioui* Bertkau; ♀.
— 3. — *Nemesia anomala* Bertkau; Samentaschen.
— 4. — — *fossor* Bertkau; Samentaschen.
— 5. — *Diplura gymnognatha* Bertkau; Samentaschen; a erstes Glied der oberen Spinnwarzen.
— 6. — *Thalerothele fasciata* Bertkau; von oben gesehen; ♀; a Augenstellung.
— 7. — *Cyrtauchenius maculatus* Bertkau; Samentaschen.
— 8. — *Crypsidromus fallax* Bertkau; a Augenhügel; b eines der Haare vom Hinterleibsrücken, in einer feinen, gewundenen, über die Haut hervorragenden Röhre steckend.
— 9. — *Trechona adspersa* Bertkau; Taster des ♂.
— 10. — *Lasiodora Benedenii* Bertkau; Samentaschen; a Haar von dem Schenkel des vierten Beinpaares; b Basalstück eines der grösseren vom Hinterleibsrücken.
— 11. — *Homoeomma familiaris* Bertkau; Samentaschen; a Haar von dem Schenkel der Hinterbeine; b Basalstück eines der in den hervorragenden Röhren des Hinterleibes steckenden.
— 12. — *Anyphaena trivittata* Bertkau; Epigyne.
— 13. — *Chiracanthium subflavum* Blackw.; Epigyne.
— 14. — *Hypsinotus cruentus* Bertkau; ♀; a Taster von unten, stärker vergrössert; e Spitze des Eindringers.
— 15. — *Hypsinotus loricatus* Bertkau; Epigyne.
— 16. — — *inermis* Bertkau; Epigyne.
— 17. — — *plumipes* Bertkau; Epigyne.
— 18. — *Ctenus cyclothorax* Bertkau; Taster, a von unten, b von aussen.
— 19. — *Caloctenus variegatus* Bertkau; Epigyne.
— 20. — *Trochosa humicola* Bertkau; Hinterleib ♀; a Epigyne.
— 21. — *Tarentula nychthemera* Bertkau; Epigyne.
— 22. — — Volzemii Bertkau; Epigyne.
— 23. — — *pugil* Bertkau; Hinterleib ♀; a Taster von aussen, b von unten.
— 24. — — *sternalis* Bertkau; Epigyne.
— 25. — — *pardalina* Bertkau; Epigyne.
— 26. — *Lycosa molitor* Bertkau; ♀; a Taster des ♂.
— 27. — *Tetragnatha cladognatha* Bertkau; ♀; a Klaue der Mandibeln von vorn betrachtet.

ERKLÄRUNG DER ABBILDUNGEN.

Figur 28. — *Meta formosa* (Blackw.); ?; a Epigyne stärker vergrössert.
— 29. — *Nephila brasiliensis* (Walck.); Epigyne.
— 30. — *Epeira biplagiata* Bertkau; von der Seite.
— 31. — — *caerulea* Bertkau; ?; a Epigyne von der Seite und von unten.
— 32. — *Epeira undulata* Bertkau; ?; a Kopf des ♂ von vorn; b Epigyne; c linker Taster des ♂ von untrn.
— 33. — *Epeira 12-tuberculata* Bertkau; ?; a Hinterleib einer Varietät; b Bauch; c Epigyne, d Basis derselben von unten (zurückgeschlagen), stärker vergrössert.
— 34. — *Argiope argentata* (F.); Epigyne.
— 35. — *Gonyleptes ratius* Bertkau; ?; a Hinterfuss stärker vergrössert.
— 36. — *Gonyleptes piceus* Bertkau; ?; a natürliche Grösse des Cephalothorax des ♂, b des ♀.
— 37. — *Ancistrotus acanthoscelis* Bertkau; ?.
— 38. — *Mischonyx squalidus* Bertkau; ?; a von der Seite; b Fussende von oben; c von der Seite.
— 39. — *Collonychium bicuspidatum* Bertkau; Fussende von der Seite.
— 40. — *Caelopygus macracanthus* (C. L. Koch); Fussende von der Seite.
— 41. — Samentaschen von *Avicularia vestiaria* (De G.); schwach vergrössert.

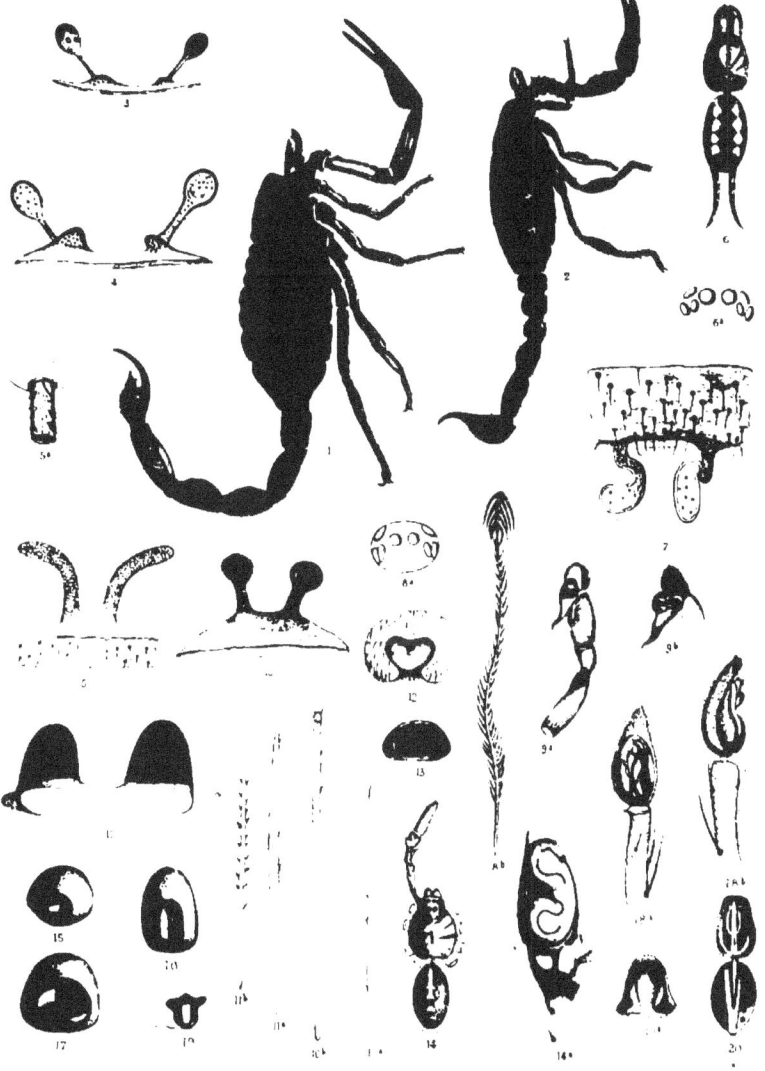

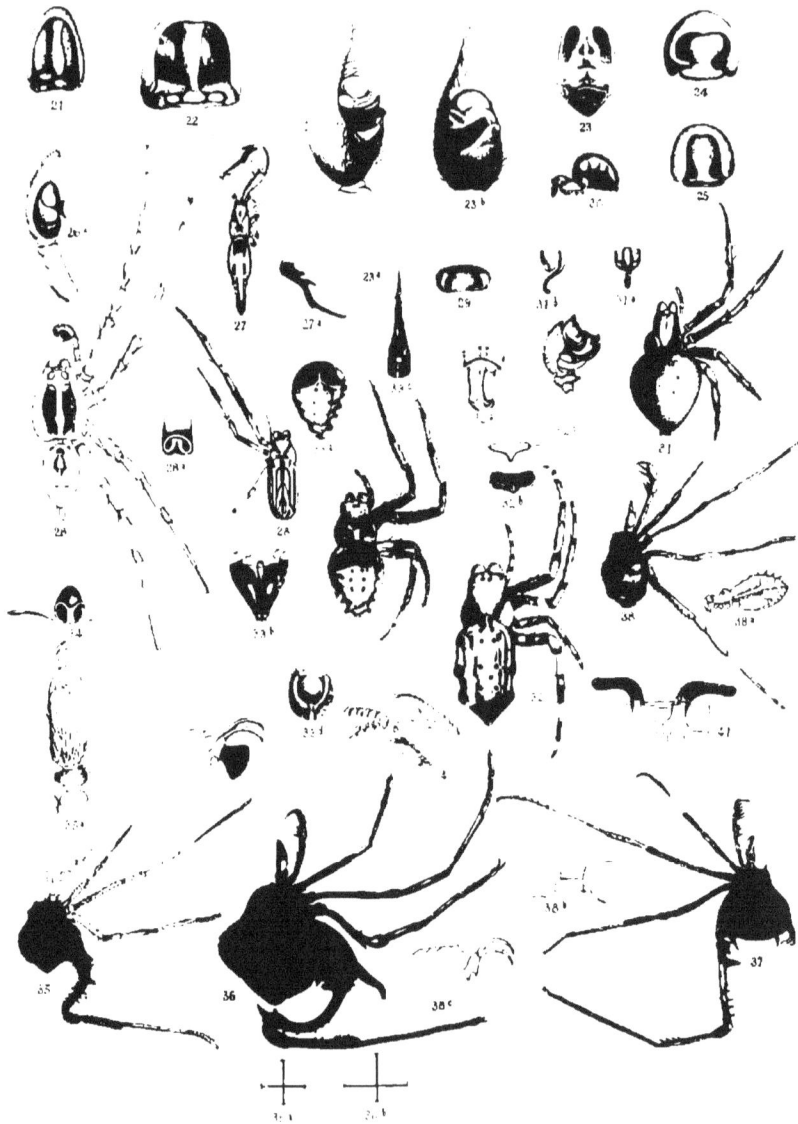

www.ingramcontent.com/pod-product-compliance
Lightning Source LLC
Chambersburg PA
CBHW031348160426
43196CB00007B/769